일주일 안에
80퍼센트
버리는
기술

실천하는
미니멀리스트의
첫걸음

일주일 안에
80퍼센트
버리는
기술

후데코 지음
민경욱 옮김

학산문학사

80퍼센트를 버리고 20퍼센트를 남긴다.

왜 버려야만 하는가?

안녕하세요. 후데코라고 합니다.

캐나다에서 살면서, 물건을 소유하지 않는 생활과 절약에 애썼던 날들 이야기, 해외 미니멀리스트의 정보 등을 블로그를 통해 소개하는 오십 줄의 미니멀리스트입니다.

미니멀리스트라고 해도 많은 물건의 은혜를 입고 있습니다. 생활에 윤택함을 주는 실용품 이외의 물건도 가지고 있습니다.

작년에 가지게 된 스마트폰은 가족과 연락을 취하는 데 더없이 중요한 물건입니다.

　물건은 우리들의 생활을 편리하게 해주는, 일상생활에 반드시 필요한 존재입니다. 물건 하나하나는 우리들의 생활을 풍요롭게 합니다.

　하지만 그런 멋진 물건도 너무 많아지면 이번에는 거꾸로 생활을 불편하게 만듭니다. 가장 이해하기 쉬운 예로는 물건이 많아지면 청소가 어려워지죠? 물건이 늘어나면 물리적인 공간을 확보하기 힘듭니다. 원래는 가족과 단란하게 지내거나 휴식을 취하거나 편하게 지내야 하는 안식처가 물건의 「창고」가 되고 맙니다.

　옷이 많아지면 매일 아침 고르는 데 시간이 걸립니다. 치장을 즐기고 싶어서 다양한 옷을 준비한 것인데 수가 늘어나면 **고르는 재미가 망설이는 괴로움으로 바뀌는** 겁니다.

　그 양에 따라 세탁은 물론 계절에 따라 옷을 바꾸는 등 옷 관리에도 점점 노력이 늘어나겠죠. 늘어난 물건이 수납 공간인 옷장이나 벽장에서 넘쳐나 엉망진창이 된 방은 보기만 해도 지긋지긋합니다.

물건이 너무 많아져 곤란해진 사람이 늘어난 만큼 정리 산업의 수요가 증가했습니다. 정리 수납을 알려주는 책이나 정리하는 방법을 가르쳐주는 컨설턴트, 다양한 수납 상품까지 판매되고 있습니다.

하지만 여전히 우리들은 수많은 물건을 가지고 있습니다. **집에서 잡동사니가 되어버린 물건은 아무리 노력해도 치울 수가 없기 때문입니다.**

잡동사니란 자신의 생활에 거의 공헌하지 않는 물건을 가리킵니다. 예를 들어, 사용하지 않는 물건, 사서 쓰지 않고 옷장에 넣어둔 물건. 이런 것은 그야말로 집 밖으로 내보내는, 즉 버리는 수밖에 없습니다.

장소를 이동시키기만 하는 청소로는 불충분합니다. 물건을 버리지 못하면 「자신이 주역인 집」을 되찾을 수 없습니다.

버리면 인생이 바뀐다!

저는 20대부터 내내 물건이 중심인 방에 살았습니다. 특히 제가 취직한 80년대는 거품 경제를 맞았습니다. 일하게 되면서 자유롭게 돈을 쓸 수 있게 된 저는 다양한 물건을 사들였습니다. 당시는 소유하는 것 자체에 가치가 있었습니다.

20대 후반일 때 방에 흘러넘치는 물건을 보고 경악했습니다. 그래서 전부터 심플 라이프를 동경했던 저는 그때부터 「가지지 않는 삶」을 목표로 했지만 좀처럼 잘 되지 않았습니다. '버리고 싶은데 버려지지가 않아.' '제대로 정리를 했는데 어느새 물건이 늘었네.'

50대 중반이 된 이제 드디어 내가 중심인 방에서 살 수 있게 되었는데, 지금껏 30년 동안은 물건을 버리거나 늘리는 일을 되풀이했습니다.

물건을 버리는 과정에서 잘했던 것과 실패한 것을 2015년 2월부터 블로그에 쓰기 시작했고 금세 큰 반응을 얻었습니다.

같은 고민을 가지고 있던 블로그 독자들에게 메일을 잔뜩 받았고, 여러분과 대화를 나누는 가운데 버릴 수 없는 사람의 마음과 어떻게 하면 잘 버릴 수 있을지, 즉 「성공적으로 버리는 방법」을 알게 되었습니다.

그럴 때 책을 쓸 기회를 얻었습니다. 50대 주부가 쓴 정리 책을 읽을 사람이 있을까? 처음에는 그렇게 생각했습니다. 하지만 바꿔 생각하면 이토록 많은 정리 책이 나왔는데도 물건을 줄이지 못하는 사람이 적지 않은 요즘, 30년에 걸쳐 시행착오를 했기 때문에 성공도 실패도 함께 전할 수 있으리라 생각했습니다.

많은 물건을 버리고 안 사실은 「소지품의 80퍼센트는 필요하지 않다」는 점입니다.

또 누구나 물건을 쌓아두기 쉬운 「프라임 존」이 있다는 것도 알았습니다. 「프라임」이란 영어로 「근본적」이라는 의미. 문자 그대로 방을 엉망으로 만드는 「근본적」인 원인이 숨어 있는 장소를 뜻합니다.

이 책에서는 그런 제 자신의 경험과 독자 여러분의 의견과 감상에서 체계화한 「버리는 기술」을 전하고자 합니다. 지금까지 수많은 정리 책을 읽었는데도 정리할 수 없는, 정리를 계속하지 못하는 분들이 읽어주셨으면 좋겠습니다.

제 1 장

지금이야말로, 버려라!

버리고 싶은데 버릴 수 없는
진짜 이유는?

> # 30년간 물건을
> # 버렸다 늘리기를
> # 되풀이했다

몇 년 전부터 일본에서 「미니멀 라이프」라는 생활방식이 붐을 이루고 있습니다.

소지품은 최소한(미니멈)으로 함으로써 물건의 관리에서 해방되어 돈이나 시간이라는 리소스를 자신이 진정 하고 싶은 데 쏟는 생활방식(라이프)입니다.

미니멀 라이프를 보내는 사람들을 「미니멀리스트」라고 합니다. 미니멀리스트는 자기 나름의 삶을 중요하게 생각하기 때문에 그들의 라이프스타일은 저마다 다릅니다.

수트케이스 하나에 담을 수 있을 만큼 소지품을 줄여 호

텔에서 지내며 식사는 외식에 의존하는 미니멀리스트도 있는가 하면, 시골로 이사해 가능한 한 돈을 쓰지 않고 자급자족에 가까운 생활을 목표로 하는 미니멀리스트도 있습니다.

제가 이 생활방식에 주목하게 된 것은 2009년 무렵입니다. 이후 소지품의 80퍼센트 이상을 버리고 미니멀리스트로 생활하고 있습니다.

다만 저는 스스로를 「절약형 주부 미니멀리스트」라고 부릅니다. 물건은 가능한 줄이지만 주부이기 때문에 아무것도 없는 집에서 살 수는 없습니다. 남편도 딸도 미니멀리스트가 아니기 때문에….

미니멀리스트라고 해도 처음부터 물건을 버릴 수 있는 성격은 아니었습니다.

저는 이제까지 4회나 대대적인 「버리기」를 했습니다. 이른바 「버리는 프로젝트」입니다.

'물건을 잔뜩 가지고 있어도 행복하지 않다.' 이런 사실을 깨달은 것은 당시 다니던 회사를 그만둔 27살 때, 이때가 제1차 「버리는 프로젝트」였습니다.

제가 20대를 보낸 80년대는 이른바 거품의 호경기가 한창일 때, **「소비는 미덕」이라고 얘기되던 시대**입니다.

당시 읽고 있던 잡지 『크로와상』에서 스타일리스트였던 요시모토 유미 씨가 흥미로운 잡화를 속속 소개했습니다. 이미 충분히 물건을 가지고 있는데도 아주 조금 차별화된 잡화를 사 모으는 풍조가 있었던 것 같습니다.

저는 이전부터 소지품이 너무 많은 데 진저리를 치고 있었습니다. 특히 옷을 많이 가지고 있어서 장롱과 팬시 케이스에 잔뜩 쑤셔 넣고 있었습니다. 모두 내가 좋아서 산 것들입니다. 그런데 샀을 때는 즐겁지만 집에 가지고 돌아와 몇 번 입으면 곧바로 다음 옷으로 관심이 옮겨 가 거의 모든 것이 장롱만 배부르게 하고 있었습니다.

디자이너 브랜드의 옷은 비싸서 손을 댈 수 없었기 때문에 회사를 다닐 때는 대형 마트나 통신판매로 주로 옷을 샀습니다.

자주 이용했던 통신판매회사는 사용처에 따라 방이 나뉘어져 있었는데, 예를 들면 「실내복 모음」에 들어가면 비숫한 모티프지만 디자인은 다른 실내복을 주문을 중단할 때까지 계속 보내줍니다.

재킷 모음이나 하의 모음, 양말 모음, 파자마 모음, 목욕 수건 모음, 세수수건 모음까지 꽤 많은 모음에 들어가 물건을 사 모았습니다.

한 달 동안의 주문금액은 합계 3~5천 엔이었죠. 그래도 지속력이란 것은 무서워서 옷이나 잡화는 매달 확실하게 그 수가 늘어났습니다.

당시 그 통신판매회사의 매력(지금은 위험한 덫) 중 하나로 「덤」이 있었습니다. 주문금액에 따라 매달 잡화를 선물해주었습니다.

그런 잡화가 그리 좋았던 것도 아닌데 덤에 이끌려 주문했습니다. 어리석게도 **「덤을 얻는 것은 이득이다.」**라고 착각했습니다.

새삼 내 방을 돌아보니 잡동사니로 가득한 더러운 방.

내 삶을 바꾸고 싶어서 물건을 버리기 시작했습니다. 직업소개소에 가거나 구인 잡지를 보며 일을 찾으면서도 대부분의 시간을 치우면서 보냈습니다.

이렇게 물건만 사들인 것은 역시 **근본적인 어딘가에서 불행했던 것이라는 걸 지금이라면 알 수 있습니다.** 인생에 어떤 목적도 없고 회사 일도 그리 재미있지 않고, 특히 뭔가에 정열을 기울일 일도 없이 마음속으로는 늘 우울했습니다. 그런 **불만을 물건을 사면서 메웠던** 겁니다.

「미니멀리스트」와는 거리가 멀었던 나

　　　　　　　제1차 버리는 프로젝트는 결국 실패로 끝났습니다. 줄였다고 생각했는데 어느새 물건이 늘어났습니다. 이른바 「리바운드」입니다.

　그리고 37살이 되었을 때 캐나다로 유학을 떠나게 되었습니다. 이 유학은 인생을 되돌릴 좋은 기회라고 생각했습니다.

　일본에서의 일은 전망이 좋지 않았기 때문에 해외에서 취직하고 싶다는 꿈이 있었습니다. 마침 다니던 영어회화

학교 선생님이 캐나다 출신이었기 때문에 그리 깊이 생각하지 않고 유학을 결정했습니다.

'해외에 가야 하니 짐은 최소한으로 줄여 이번에야말로 심플 라이프를 실현하자!'

큰 캐리어를 사지 않고 작은 보스턴백을 구입, 정말 필요한 물건과 좋아하는 물건만을 **보스턴백 하나에 담아 여행을 떠났습니다.** 물건이 적은 생활이 가능하다고 생각했습니다. 제2차 버리는 프로젝트의 시작입니다.

유학 중에는 그리 물건을 지니고 있지 않았습니다. 수업에 필요한 컴퓨터와 프린터를 구입하고, 또 SONY의 라디오카세트를 구입했지만 옷은 거의 사지 않았습니다. 유학비용으로 돈을 다 써버렸기 때문입니다.

학생으로 있는 한 옷은 그다지 필요 없습니다. 여름에는 티셔츠에 진, 겨울에는 그 위에 스웨터와 다운재킷을 입으면 충분했습니다.

이렇게 물건이 적은 학생생활을 보냈지만, 유학 2년째에 임신을 하면서 아이 아버지와 함께 살게 되었습니다.

● 출산과 동시에 물건이 늘어나기 시작했다!!

아이가 태어난 것을 계기로 제2차 버리는 프로젝트도 실패로 끝납니다.

일본에 계신 어머니가 천 기저귀와 장난감, 목욕용품, 친척 아이가 입던 옷 등을 보내준 것을 시작으로 하나씩 하나씩 가재도구가 늘어났습니다.

제 옷도 늘어났습니다. 산 게 아니라 일본에 두고 온 옷을 조금씩 어머니에게 부탁해 받았던 겁니다. 집에 다녀올 때 책도 가지고 왔습니다.

일본에 있는 친절한 친구들이 읽은 책을 보내주기도 했습니다.

아이가 태어났을 때 정기구독을 했던 육아잡지도 쌓였습니다. 봉투에 넣은 아이의 사진도 책장에 계속 늘어갔습니다.

당시는 디지털카메라가 고가였기 때문에 필름카메라를 사용했는데 일본에 계신 어머니에게 보내기 위해 매일 아이의 사진을 찍었습니다.

또 과자 만들기에 빠져 매일 딸을 위해 달콤한 과자를 잔뜩 만들었습니다. 저도 같이 먹었기 때문에 몸에도 여분의 지방이 잔뜩 축적되었습니다. 익숙지 않은 외국에서의 육아는 힘든 일이 많아 스트레스 해소를 위해 싸구려 물건을 사들이는 경우도 많았습니다.

◉ 버리는 일은 마음과 타협하는 일

제가 44살이 되었을 때 딸이 초등학교에 입학했습니다. 딸은 점심을 먹으러 오긴 했지만 평일은 15시 40분까지는 학교에 있었기 때문에 드디어 한숨을 돌릴 수 있었습니다.

그때 문득 주위를 둘러봤는데 **집 안은 잡동사니로 가득.** '아니! 어느새?' 하고 솔직히 놀랐습니다.

도대체 뭐가 어떻게 된 건지 생각하려고 해도 머리가 멍해져 제대로 생각할 수 없었습니다.

그러나 집 안에 물건이 가득 있는 것은 숨길 수 없는 사실. '일단 집 안에 넘치는 잡동사니를 정리해 깨끗하게 하지 않으면'이라고 생각했습니다.

이 제3차 버리는 프로젝트는 어느 정도 성공했습니다. 그리고 50살이 된 타이밍에 더욱 대대적으로 물건을 정리. 저는 드디어 미니멀리스트가 될 수 있었습니다(이때 행한 구체적인 버리는 방법은 다른 장에서 말씀드리겠습니다).

제1차에서 척척 버릴 수 있는 생활로 왜 바꾸지 못했냐면은, 아직 자신의 생활에 만족하지 못했던 점에 더해 **물건을 사면 지금보다 훨씬 즐거워질 거다, 생활이 좋아질 거다라는 환상을 가지고 있었기** 때문입니다.

최근 30년간 정말 많은 물건을 버렸습니다. 지금까지 얼마나 많은 물건을 버렸는지 알 수 없을 정도입니다. 버린 물건에게는 미안하지만 버리면 버릴수록 삶은 편안해졌고 제 기분은 가벼워졌습니다.

물건을 버려 마음이 후련해졌는지, 아니면 마음이 안정되었기 때문에 물건을 버릴 수 있게 된 것인지. 어느 게 먼저인지 모르겠습니다만, **물건을 버리는 일은 우리들의 멘탈과 깊은 관계가 있다고** 실감했습니다. 물건을 잘 버리기 위해서는 자신의 마음과 타협을 하는 것이 무엇보다 중요합니다.

버리고 싶은데 버릴 수 없는 물건의 공통점

　　　　미니멀리스트가 된 지금은 생활에 필요하지 않은 물건은 우선 사지 않게 되었습니다. 이따금 쇼핑에 실패해도 의외로 쉽게 처분할 수 있었습니다.

　그렇다고 해도 쉽게 버릴 수 있게 된 것은 최근 몇 년입니다. **제게는 버리고 싶지만 버리지 못하는 물건이 잔뜩 있습니다.**

　문방구, 서류, 책, 제과용품은 버리기 힘들어 마지막까지 가지고 있었습니다. 실은, 책은 아직도 80권 정도 가지고 있습니다.

수없이 버리기를 망설였습니다. '이제 버리자.'고 아주 좋아하는 캐릭터 쿠키 틀을 들고 가만히 생각에 빠지곤 했습니다.

'이거 이제는 필요 없어. 하지만 안 버리는 게 낫지 않을까. 최근에는 쿠키를 전혀 굽지 않지만 또 시간이 생기면 구울 수도 있지 않을까.'

쿠키 틀을 볼 때마다 손이 멈춰 버려 단념하기도 했습니다. 하지만 결국 며칠 뒤에 버렸습니다. 이렇게 단번에 버리지 못하고 「버린다, 버리지 않는다」는 섹션을 수없이 오갔던 물건이 정말 많습니다.

사람은 일단 물건을 소유하면 「내 물건」이라는 의식이 생겨 좀처럼 놓을 수가 없습니다. **일단 버리려고 하면 손이 멈춥니다.**

'버리고 싶은데 버릴 수 없다'는 불가사의한 딜레마에 빠지고 마는 겁니다.

◉ 「야망 잡동사니」는 버리기 어렵다.

버리고 싶은데 버릴 수 없는 것에는 공통점이 있다는 것을 깨달았습니다.

제 경우는 일용잡화에 대해 '이건 나중에 또 사용할지도 몰라.' '사용하면 지금과는 다른 생활이 될지 몰라.' 같은 생각이 강했고, 책은 '이것을 읽으면 틀림없이 공부가 될 거야.'라는 마음이 있습니다.

통신판매로 산 뜨개질바늘 세트를 품고 있다 결국 28년이 지난 후에야 버렸습니다. 이 뜨개질바늘 세트를 잡고 놓지 못한 것은 '언젠가 뜨개질을 하는 사람이 되고 싶다.'는 바람이 있었기 때문입니다.

그 물건(뜨개질바늘)을 계속 가지고 있으면 이상적인 나(뜨개질을 하는 사람)로 변할지도 모른다고 생각했던 겁니다. '이것을 사면 되고 싶은 자신이 될 거라고 생각해 산 물건', 그것을 저는 「야망 잡동사니」라고 부릅니다.

「야망 잡동사니」는 정말 버리기 어렵습니다. 되고 싶은 자신이 되려고 구입했기 때문에 그것을 버리는 것은 자신의 희망과 꿈을 버릴 결의를 하는 것과 같기 때문입니다.

그러므로 잡동사니라는 사실을 좀처럼 깨닫지 못합니다. 인식하려고 하지 않는 겁니다.

하지만 애당초「뭔가를 버리고 싶다」고 생각한다는 것은「더이상 필요 없다」는 답이 이미 반쯤 나와 있다고 생각합니다. 그런데 실제로 버리려고 하면 '아니, 이건 버릴 수 없어. 그건…' 하고 다양한 변명이 떠오릅니다. 집착이 변명을 낳고 결단을 내리지 못합니다.

그렇다면 깨끗하게 수납해두면 되지 않을까? 라고 생각할 수도 있습니다.

그러나 **수납으로는 해결할 수 없습니다.** 수납은 어디까지나 필요한 것을 다음에 사용하기 위해 정리해두는 겁니다. 그 집에 불필요한 것을 정리하는 것은 정당한 수납이라고 할 수 없습니다.

버리지 못하는
사람이 늘 대는
「변명 베스트4」

　　　　　　　　물건을 버릴 수 없을 때 입으
로 나오는 변명에는 패턴이 있습니다. 저도 그렇지만 예전
에 친정을 정리하며 어머니에게 버리자고 하면 어머니도
같은 변명을 했습니다. 이런 말이었습니다.

변명 1 언젠가 사용할지도 모른다.

이런 경험 없으세요? 20대 때 사용한 토트백. 오랫동안
사용하지 않고 옷장 속에서 잠들어 있습니다.

토트백을 끄집어내 당신은 이런 식으로 중얼거립니다.

"이거 버릴까. 하지만 또 사용할지도 몰라. 지금 가지고 있는 토트백이 고장날지도 모르고."

애써 끄집어낸 토트백을 또 원래 장소에 돌려놓습니다.

지금 사용하지 않는데 '언젠가 사용한다'고 생각해 버리지 못하는 것은 그 백에 집착이 있기 때문입니다. 계속 구석에 처박아 두고 그 존재조차 몰랐지만 **일단 버리려고 하면 갑자기 아까운 기분이 생깁니다.**

원래 인간에게는 **물건을 잃는 것을 무척 싫어하는 마음(손실회피)**과 일단 뭔가를 소유하면 그 **물품의 평가를 이유도 없이 높이 평가하는 심리(과대평가 효과)**가 있습니다. 모두 행동경제학의 이론입니다.

지금까지 존재를 잊고 있던 물건이라도 다시 손에 들면 이런 심리가 가동합니다. 더는 버릴 수가 없어져 '언제가 또 사용할지도 모른다'는, 자신에게 그럴 듯한 버릴 수 없는 이유를 생각해내고 맙니다.

"언젠가 또 사용할지도 모른다."

물건을 버릴 수 없는 이런 이유엔 여러분도 짚이는 데가 있지 않나요? 언젠가 다시 살이 빠지면 입으려고 둔 옷, 언젠가 시간이 있으면 읽고 싶은 책. 그런 물건을 잔뜩 가지고 있지 않습니까?

사람에 따라 버릴 수 없는 것은 다양합니다. 그러나 「언젠가 사용할지 모른다.」의 「언젠가」는 절대 오지 않는다는 말을 자주 듣습니다. 제 경험으로도 그 「언젠가」는 온 적이 없었습니다. 그런데 모두가 아무리 기다려도 오지 않을 「언젠가」를 위해 잡동사니를 쌓아놓고 삽니다.

「언젠가 사용할지도」라고 생각해 오랫동안 둔 물건은 결국 사용하지 않고 훨씬 뒤에 포기하고 버립니다. 제게는 그런 물건이 헤아릴 수 없이 많습니다.

'헤어진 사람은 날이 갈수록 잊혀간다.'라는 말이 있습니다. 사람은 눈에 보이지 않는 것은 완전히 그 존재를 잊습니다. 몇 년 후 문득 청소하다 '아, 이런 물건이 있었구나.' 하고 발견합니다.

발견할 수 있으면 아직은 괜찮은 편입니다. 의식적으로 버리는 작업을 하고 있지 않았다면 발견할 일도 없이 그 상태 그대로였을 테니까요.

사실은 「언젠가」는 「늘 없다」는 말로 바꿀 수 있습니다. 「언젠가」라고 생각하는 한 아무리 지나도 마르지도 않고 책을 읽을 시간도 없습니다.

사람은 자신이 소중하게 생각하는 것이라면 아무리 바쁘더라도 제일 먼저 시간을 내지 않을까요. 소중한 것이 아니기 때문에 '언제가 곧…'이라고 말하며 행동을 미루는 겁니다.

「언젠가 사용할지도」라는 변명이 떠오른다면 실제로 지금, 이 순간에 사용하세요.

또는, 스키 등 특정한 계절에 사용하는 아이템이라 지금 **당장 사용할 수 없을 때는 사용할 날을 정하고 스케줄 수첩에 기록합니다.** 만약 그 날까지 사용하지 않았다면 '역시 「언젠가」는 오지 않았다'고 생각하고 포기하고 버리세요.

변명 2 다른 사람에게 받은 물건이라

'다른 사람에게 받은 물건을 버리는 것은 준 사람에게 미안하다.'

그렇게 생각해 사용하지도 않고 자신 취향도 아닌 물건을 쌓아두는 경우가 있습니다. 확실히 받은 물건을 버리는 건 힘듭니다.

우리들은 선물은 단순한 물건이 아니라 준 사람의 마음이 담겨 있는 거라고 생각합니다. 즉, 버리려고 하면 죄책감에 시달립니다. 이러는 저도 선물을 버릴 때는 준 사람의 마음을 반드시 생각합니다.

얼마 전 오랫동안 가지고 있던 캐릭터 인형을 버렸습니다. 20대 중반에 직장 동료에게 받은 것입니다. 저는 그 캐릭터가 너무 좋아 소중히 여겼기 때문에 버리는 게 쉽지 않았습니다.

다만, 다른 사람에게서 받은 물건을 「버리고 싶다」고 생각하고 있다면 **그 선물은 자신에게 짐과 걸림돌이 되고 있는 게** 아닐까요? 마음의 부담이 되는 물건은 아마 앞으로도 사용하지 않을 겁니다.

선물을 버릴 수 없을 때는 「물건」과 「감정」을 떼어놓고 생각해보기를 권합니다.

선물에 붙어 있는 감정은 「준 상대가 자신을 생각해주는 마음」입니다. 이 마음에 대답하기 위해 어떤 선물이라도 고맙게 받는 게 좋다고 생각합니다. 하지만 이 시점에서 이미 마음을 다 받은 것이기 때문에 **선물의 역할은 반쯤 끝났다고** 할 수 있습니다.

선물이 체현하고 있는 「감정」을 소중하게 다루고, 혹시 정말 마음에 들면 곁에 두고 실제로 사용하면 되고, 당신의 취향과 맞지 않는다면 다른 사람에게 주거나 재활용에 내놓아도 상대에게 실례가 되는 건 아니라고 생각합니다.

실은 아까 얘기한 인형을 받은 후 선물을 준 동료와의 사이에 작은 사건이 있어서 사이가 틀어지고 말았습니다.

감정적인 어긋남이 생겨 인형을 볼 때마다 그때의 괴로웠던 기분이 생각났습니다. 30년이 지나서야 저는 비로소 버릴 수 있었습니다.

버려도 친구를 잊을 순 없습니다. 이상하게도 옛날의 괴로웠던 추억보다 '인형을 주어서 고마웠다.'는 감사의 마음이 더 강했습니다. 인형을 버릴 때 **자신의 이상한 집착도 함께 버린** 것 같은 느낌이 들었습니다.

변명 3 **추억의 물건이기 때문에**

저는 인형처럼 귀여운 것을 좋아해 옛날부터 잔뜩 모았

습니다. 특별히 추억이 담긴 것은 버리기 어렵습니다.

고교 수학여행 선물로 교토에서 산 수달 인형. 사이가 좋았던 M과 같이 샀다. '그때는 정말 즐거웠지.'

하지만 완전히 더러워졌고 코는 고양이가 물어뜯어 너덜너덜. 무엇보다 북유럽 모던 스타일로 꾸민 지금의 방 분위기와는 전혀 맞지 않는다. 하지만 버리고 싶지만 버릴 수 없다. '무엇보다 이 수달에게는 추억이 가득 담겨 있는 걸!'

하지만 지금 저는 추억이 담긴 물건을 버리는 데 아무런 저항감이 없습니다. **수달을 버려도 추억은 사라지지 않는다는 것을 알고 있기 때문입니다.**

물건은 단순한 물건이고 추억은 마음속에 있는 거지요. 만약 수학여행을 잊고 싶지 않다면 인형 사진을 찍어 지금 단계에서 기억하는 「추억」을 문장으로 남겨 놓는 방법도 있습니다.

사실 대다수의 경우 이런 일을 할 필요도 없습니다. 무엇보다 **필요한 추억이라면 뇌는 언제든 기억**하고 있을 테니까요.

저도 그렇지만 필요 이상으로 '추억의 물건은 버리기 어렵다'는 착각을 갖고 있지 않나요?

우리는 물건을 버리려고 할 때 「추억의 물건」이라고 지나치게 자주 얘기하는 것 같습니다. 종이박스에 담긴 지금 사용하지 않는 수많은 잡화를 정리하는 게 귀찮아서 '이건 추억의 물건이니까.'라며 버리기를 미루는 변명으로 사용합니다.

사람이 기념품을 두는 이유는 손에 넣은 경위와 상징하는 일을 잊고 싶지 않기 때문입니다. 추억의 물건은 좋든 싫든 과거의 상징입니다. 멋진 추억이 가득 있다면 그것은 멋진 일입니다.

제 딸도 옛날 발레를 배울 때 신었던 토슈즈를 아직도 가지고 있습니다. 옛날 학교에서 쓴 보고서와 노트, 성적표 같이 자신이 열심히 했다는 증거는 우리에게 용기를 주고 마음을 편안하게 합니다. 그러므로 중요하죠.

다만 너무 그 수가 많으면 그것은 더 이상 「귀중한 추억의 물건」에서 뭔지 모르는 잡다한 물건 중 하나가 되어 버립니다.

「소중한 추억의 물건」이라고 하면서 종이박스에 넣어

창고나 침대 밑에 넣어두고 있지 않나요? 추억의 물건이 지금의 삶을 좀 더 밝게 해준다면 몇 년이나 상자에 넣어 먼지투성이인 채로 방치하는 것은 쓸쓸한 일이죠.

제 자신은 '추억의 물건이니까'라는 이유로 가지고 있는 것은 사진뿐입니다. 만약 추억의 물건이 너무 많다면 하나나 둘쯤 선별해 바로 보이는 곳에 놓는 게 어떨까요.

추억의 물건이 공간을 너무 차지해 지금의 생활을 망친다면 아깝다는 생각이 듭니다. 역시 **가장 중요한 것은 지금 이 순간의 생활**입니다.

변명 4 이거 샀을 때 비쌌는데

일테면 이런 경우가 있습니다.

옛날 교토에서 산 유젠友禅 기법으로 문양을 염색한 기모노는 40만 엔이었습니다. 딱 한 번 입고 그 후로는 내내 장롱에 잠들어 있죠.

'버리고 싶지만 버릴 수 없어. 무엇보다 비싸잖아.'

고액이라 아까워서 버릴 수 없다는 것도 버리지 못하는

전형적인 이유입니다.

하지만 이 「아깝다」는 허들은 의외로 간단히 뛰어넘을 수 있습니다. 버리는 게 아까워서 입지도 않는 기모노를 몇 년씩이나 장롱에 묵혀 두는 게 더 아까운 일이라는 것은 조금만 생각하면 알 수 있으니까요. 장롱 속에 아무리 넣어둬도 기모노를 살 때 지불했던 돈은 돌아오지 않습니다.

이렇게 「아까워서 버릴 수 없는 물건」을 버리지 않고 그대로 두면 과연 무슨 일이 일어날까요?

우선 큰 물건이라면 장소를 차지해 방해가 되겠죠. 작은 물건이라도 그걸 볼 때마다 '40만 엔이나 냈는데 입지 않으니 아깝네.' '이런 낭비를 하다니 나는 바보였어.'라며 자신을 책망하고 후회로 가슴이 아픕니다.

돈은 둘째 치고 **죄책감과 후회는 마음을 무겁게 합니다.** 살 때 비쌌다고 하더라도 사용하지 않으면 바로 버리는 게 결과적으로는 「훨씬 이득」입니다.

제게는 '고가였기 때문에'라는 이유로 30년 이상 가지고 있던 물건이 있었습니다. 20대 때 보석전시회에서 산 반지입니다.

토파스 디자인이 마음에 들어 구입했는데, 반지를 잘 끼지 않기 때문에 실제로 손가락에 낀 것은 통산 24시간도 되지 않을 겁니다.

30년 동안 하루밖에 끼지 않았던 반지에 지불했던 돈은 20만 엔. 가난했던 제계는 큰돈이었습니다. 가지고 있어도 큰 짐이 되지 않아서 오랫동안 보관했습니다.

그러다가 점점 나이를 먹어 저는 그 반지와 어울리는 사람과 점점 멀어졌습니다. 약 1년 전, 마침내 역시 전혀 하지 않았던 목걸이와 함께 떠나보냈습니다.

이상하게도 손해를 봤다는 마음은 없습니다. 버려서 후련했습니다.

'괜한 쇼핑을 했다'는 죄책감에서 해방된 겁니다.

결국 인간은
변화를
두려워한다

언젠가 사용할지도 모른다, 아깝다, 비싸니까… 등 다양한 이유를 붙여 사람은 버리기를 주저합니다.

그러나 이러한 심리의 이면에는 요컨대 「잃는 것이 두렵다」는 공포가 있지 않을까요?

물건 하나라도 버리면 지금의 생활이 바뀌어버린다, 지금의 생활을 잃고 싶지 않다고 무의식적으로 두려워하는 것일지도 모릅니다.

지금의 생활을 잃고 싶지 않다는 것은 변하고 싶지 않다는 마음입니다. 변하고 싶지만 변하는 것이 두려운 겁니다.

그러므로 거꾸로, 변하고 싶은 마음이 강해지면 물건을 버리게 된다고 생각합니다.

◯ 자신을 바꾸는 첫걸음으로 물건을 놓아준다.

저는 작년 여름, 옛날 일기장을 몇 권 버렸습니다. 딸이 태어난 1998년부터 2010년까지의 일기입니다. 연용일기(여러 해의 같은 날을 한 페이지에 기록하는 일기-옮긴이)를 사용하고 있기 때문에 많지는 않습니다.

캐나다에 오고 매일 일기를 썼습니다. 처음에는 여러 가지 사정으로 생활이 안정되지 않아 어려운 일투성이었습니다. 그런 일들이 줄줄이 기록된 일기입니다.

많은 물건을 버린 후에도 이 일기는 버릴 수 없어 가지고 있었습니다. 딸이 태어났을 때와 자랄 때의 에피소드가 잔뜩 적혀 있고 사진도 붙어 있습니다.

가끔 다시 읽으면 '아, 그때는 정말 힘들었네. 그에 비하면 지금은 정말 괜찮아.'라고 생각하게 됩니다. 하지만 결국 버렸습니다.

계기는 조깅 중에 옛날 지인 M씨(남성)를 만난 것입니다. M씨는 저보다 띠동갑 연상으로 캐나다에 왔던 초기에 여러모로 신세를 졌습니다.

M씨와는 공통의 지인 얘기로 한껏 분위기가 달궈졌습니다. 제가 알고 있는 사람(일본인)이 비즈니스에 성공해 지금은 억만장자라는 소리를 M씨에게 들었습니다.

M씨와 헤어진 후 최근 15년 동안 전혀 생각하지 않았던 사람들이 한꺼번에 떠올랐습니다. 옛날 아주 고통스러웠던 기억도. 이제는 모두 다 털어버렸지만 역시 생각하니 가슴이 아팠습니다.

이때 '일기를 버리자.'고 생각했습니다. 과거의 일은 깨끗하게 흘려보내고 새로운 바람을 맞이하기 위해.

일기를 버리지 않았던 것은 지금 **새로운 세계에 맞설 준비가 되어 있지 않았었기** 때문이라고 생각합니다. 실제로 일기를 버린 후에는 전보다 각오가 생겨 여러 가지 일이 잘 굴러가고 있습니다.

지금의 생활에 만족하고 있습니까? 행복하다고 느끼나요?

만약 지금 생활에 만족하고 있다면 억지로 물건을 버릴 필요는 없습니다. 하지만 현재 상황에 불만이 있고 조금은 더 이렇게 되었으면 하는 마음이 약간이라도 있다면 자신을 바꾸는 첫걸음으로 물건을 버리는 것을 추천합니다.

「결단 피로」가 있다면

　　　　　　　　　물건을 줄이는 장점 중 하나에
「결단 피로」에서 해방된다는 것이 있습니다.

　인생은 선택의 연속입니다. 화장품과 옷을 고르고, SNS
를 체크할까 말까, 이메일에 답장을 써야 하나 말아야 하나,
날마다 작은 결단을 빨리 내려야만 합니다. 사람은 매일의
생활 속에서 수많은 의사결정을 합니다.

　사람이 매사를 결정하는 정신력은 무한하지 않습니다.

　**「무언가를 결정한다」는 행동을 하면 할수록 뇌가 피곤해지고
판단력이 떨어져 잘 결정할 수 없게 됩니다.** 이것이 「결단 피

로」입니다.

결단 피로에 빠지면 스스로 제대로 결정할 수 없습니다. 결단을 중단해버리거나 정상적일 때는 결코 생각할 수 없는 바보 같은 결단을 하는 경우도 있습니다.

제 자신의 경험인데 결단 피로가 생기면 충동구매가 늘어납니다.

쇼핑을 할 때 보통은 가격과 그 상품이 제게 가져올 가치를 비교해 가치가 높다고 판단하면 삽니다.

하지만 뇌가 피로하면 아무 생각이 나지 않아 충동적으로 사버립니다…. 결단이 되지 않아 돈도, 쇼핑에 쏟은 시간도 낭비하고 맙니다.

일상적으로 결단 피로를 느끼고 있다면 많은 것들이 귀찮아집니다. 아무 의욕이 생기지 않습니다.

'청소가 귀찮아.'라는 마음은 방에 물건이 너무 많은 탓도 있지만 그런 탓에 매일 결단 피로를 느껴 청소라는 아주 단순한 가사조차 꺼리게 되는 것이라고 생각합니다. **물건을 줄이는 것은 결단하는 기회를 줄이는 행위이기도 합니다.**

참고로, 물건을 버리는 단계에서 「결단 피로」를 느끼는 경우도 있습니다. 우선은 버리려고 끄집어낸 물건을 보고 결단을 미루고 그만두고 맙니다. 끄집어냈다면 바로 그 자리에서 결정하세요.

미루면 의사결정을 해야 하는 기회가 한 번 더 늘어나는 겁니다. 「망설여지면 버린다.」로 결정하세요.

정말로
필요한 물건은
20%뿐

　　　　　　저는 다양한 버리는 방법의 시행착오 끝에 **우리 소지품에도 팰릿(pallet) 법칙이 작용하고 있**다고 생각하게 되었습니다.

　팰릿 법칙은 「모든 일의 결과의 80퍼센트는 20퍼센트의 원인에서 발생한다.」고 생각하는 경험 법칙입니다.

　20퍼센트의 고객이 80퍼센트의 매상을 발생시킨다, 또는, 작가의 20퍼센트가 베스트셀러의 80퍼센트를 쓴다는 법칙입니다. 모든 일의 중요한 80퍼센트는 단지 20퍼센트가 쥐고 있다는 말입니다.

어디까지나 법칙에 지나지 않지만 우리 소지품에도 맞는 법칙 같습니다. 평소 입는 옷을 떠올리면 금방 이해할 수 있습니다. 매일 입는 옷은 마음에 드는 옷이나 입기 편한 것, 맞춰 입기 쉬운 것으로, 극히 일부분의 옷을 돌려 입지 않나요?

저도 많은 옷을 가지고 있었지만 실제로 자주 입은 옷은 옷장 속 옷 중 몇 퍼센트에 지나지 않는다는 것을 깨달았습니다. 이것은 우리 소지품 중 80퍼센트는 그다지 필요가 없으므로 물건을 좀 더 줄일 수 있다는 가능성을 시사합니다.

◉ 버리는 공포를 즐거움으로 바꾼다!

잃어버리는 것이 무서워서 좀처럼 물건을 버릴 수 없다고 해도 일단 손에서 놓으면 의외로 아무렇지도 않답니다.
「무섭다」라는 마음은 「즐거움」이라는 마음과 아주 비슷합니다.
어렸을 때 크리스마스나 새해를 기다리지 않았나요?
크리스마스와 새해는 그 날이 오기를 손꼽아 헤아리며 두근대는 마음으로 기다릴 때가 제일 즐겁습니다. 당일은 생각했던 것보다 훨씬 순식간에 지나가버립니다.

　물건을 버리는 「공포」도 이 「뭔가를 즐겁게 기다리는 마음」과 비슷합니다. 다음에 올 것을 마음대로 상상하는 겁니다.

　즉, 공포는 사람이 마음속에서 만드는 망상과 착각에 지나지 않습니다.

　일단 잃고 나면 더 이상 공포는 없습니다. 거기에 있는 것은 해방감입니다.

　사실 지금의 생활을 좀 더 좋은 생활로 바꾸기 위한 가장 좋은 방법은 **현재 상황을 무너뜨리는 것**. 그러기 위해 「물건을 버리는 것」은 훌륭한 효과를 가지고 있습니다.

　공포심을 뛰어 넘어 사용하지 않는 물건을 버리면 해방감을 얻을 수 있고 새로운 세계가 펼쳐집니다. 그 앞에는 마음의 평안이 있겠죠.

　만약 지금의 생활에 그다지 만족하고 있지 않다면, 인생을 바꾸고 싶다고 생각하고 있다면, 꼭 한 번 버리는 일을 시도해보세요.

　그럼 다음 장부터 「버리는 준비」를 해보죠.

제2장

「버리기」에도 기술이 있다!

일주일 동안에 80퍼센트를 버리기 위한 워밍업

> **15분 동안
> 27개를
> 버려본다.**

　　　　　　여기까지 읽고 지금 당장 뭔가를 버리고 싶어서 몸이 근질거리는 분들에게 비장의 방법을 알려드리겠습니다. 어떤 사람이라도 이 방법이라면 반드시 버릴 수 있습니다.

　우선은 **한 손에 쓰레기봉투를 들고 재빨리 버리세요.**
　'지금 당장?' '준비는?' '우선 뭘 버리면 되지?'
　사소한 것들은 생각하지 않아도 괜찮습니다. 방을 휙 둘러보면 당장 버릴 수 있는 것은 얼마든지 있으니까요.

제가 정리에 이용하는, 미국의 〈FlyLady.net〉이라는 무료 정리 도우미 사이트에 소개된 방법을 참고해 제가 만든 「15분 동안 27개를 버리는 방법」을 소개합니다.

방법은 이렇습니다.

· 타이머를 15분으로 맞춘다.
· 쓰레기봉투를 잡는다.
· 타이머를 스타트.
· 집 안을 돌아다니며 버릴 것을 쓰레기봉투에 넣는다.
· 27개가 되면 봉투를 그대로 쓰레기통에 버린다.

이것은 **「버리는」 가속도를 붙이는 방법**입니다. 아까워서 물건을 좀처럼 버리지 못하는 사람이라도 필요 없는 물건이라면 자신도 버릴 수 있다는 자신감을 갖게 하고, 버리는 쾌감도 맛볼 수 있습니다.

버리는 27개에 테마를 붙여도 좋습니다. 예를 들어, 쓰레기가 아니라 그 방에 있으면 안 되는 것들을 모으거나 기부할 것을 모은다든가 하는 겁니다.

저는 제 맘대로 테마를 정하고 물건을 버린 적도 있습니다. 예를 들어, 27벌의 옷, 27장의 CD, 27권의 책 등.

종류별로 하면 그만큼 어려워지지만 버리는 효과는 최고입니다. 어쨌든 룰은 가능한 심플하게 합니다. 실천하기 쉬운 방법으로 일단 15분 동안에만 계속 버리는 겁니다.

잘 버리지 못하는 사람도 반드시 버릴 수 있는 물건은?

「27개를 버리는 방법」에서 손이 멈춰버린 사람은 간단한 물건을 버려 경험을 늘리는 게 좋습니다.

아무리 버리는 게 힘든 사람이라도 반드시 버릴 수 있는 것이 있습니다. 일테면, 아래와 같이 쓰레기에 가까운 물건입니다.

1. 명백한 쓰레기

누가 봐도 명백한 쓰레기는 버릴 수 있습니다. 빈 페트병이나 주스 빈 캔, 과자 포장지, 종잇조각, 영수증, 옷에 붙어 있던 태그나 포장지, 쇼핑봉투 등.

　냉장고 구석에 방치되어 곰팡이가 생긴 식품, 냄새가 밴 남은 음식, 변색된 고기, 거의 남아 있지 않은 조미료 등은 과감하게 버리세요.

2. 기한이 지난 물건

　조미료나 건어물, 통조림을 넣어두는 공간을 체크해보세요. 유통기한이 지나지 않았나요? 냉장고에 둔 채 완전히 잊지 않았나요? 유통기한이 2, 3일 정도 지났으면 아직 먹을 수 있는 식품일 수 있지만 그런 말을 하면 평생 버리지 못하니까 「**유통기한이 지나면 버리기**」**로 결정합니다.**

　유통기한이 있는 것은 식품만이 아닙니다. 약이나 화장품도 마찬가집니다. 약에는 틀림없이 사용기한이 적혀 있습니다. 화장품은 자연주의 화장품에만 적혀 있을지 모르지만 만약 적혀 있다면 엄수해 버리세요. 물론 완전히 변질되어 있다면 바로 버려야지요.

　유통기한이 지난 물건이 잔뜩 있다는 말은 소비할 수 없는 양을 쟁여두고 있다는 뜻입니다. 그 점을 깨닫는 것이 무엇보다 중요합니다.

유통기한이라는 의미에서는 기간이 끝난 보증서, 쿠폰도 해당되죠. 지금 사용하지 않는 가전제품의 설명서도 잊지 마세요.

3. 샘플, 무료 상품

세면실이나 옷 방에 화장품 매장이나 드러그스토어에서 받은 샘플이 잔뜩 쌓여 있지 않나요? 사용하고 있는 것은 남겨도 좋지만 전혀 사용하지 않는다면 이 기회에 버리세요.

액체나 크림 상태의 화장품이 들어 있는 파우치는 병 제품에 비해 내용물이 변질되기 쉽다고 합니다. 이런 종류의 샘플은 받으면 바로 사용하는 것을 상정하기 때문입니다. 사용할 타이밍을 놓쳤다면 처분하시죠.

직접 산 게 아니라 무료로 받은 조악한 물건들도 버리세요.

예를 들어, 영화관이나 미술관에 갔을 때 받은 전단지나 팸플릿, 슈퍼마켓에서 받은 요리법이 적힌 소책자. 세일즈맨이 놓고 간 볼펜에 메모장, 에코백, 가게에서 받은 포인트 카드 등등.

주변을 둘러보면 생각보다 「무료로 받은 것」이 많습니다.

이런 물건은 그냥저냥 자리를 차지하고 굴러다니기 일쑤입니다. 사람은 기본적으로 **무료로 받은 물건은 소중하게 생각하지 않습니다.** 무엇보다 스스로 마음에 들어 돈을 주고 산 것도 남아도는 처지이니까요.

우리들 집에는 무료로 받은 물건까지 널어둘 공간이 분명 없을 겁니다.

4. 빈 박스, 빈 병, 빈 캔, 빈 주머니

이런 물건은 내용물은 훨씬 전에 다 사용했는데 '어딘가 사용할 수도' 있다는 생각에 남겨두기 마련이죠. 하지만 생각해봤으면 하는 게 있습니다. 포장에 사용되었던 박스나 주머니는 본체(내용물)를 가게에서 집으로 운반한 시점에서 사명을 마쳤습니다. 애당초 **패키지가 가지고 싶어서 산 게 아니라는 뜻입니다.**

저도 상당히 오랫동안 빈 박스나 빈 주머니를 보관했는데 사용할 기회는 거의 없었습니다. 원래 목적이 있어서 손에 넣은 게 아니기 때문에 다시 이용하는 것도 어렵습니다.

명확하게 사용할 용도가 있거나 3개월 이내에 사용할 전망이 없다면 버리세요.

5. 부서진 것

고장이 난 드라이어, 시간이 점점 늦어지는 자명종 시계, 금이 간 거울, 이가 나간 접시나 그릇, 손잡이가 빠진 냄비. 부분적으로 부서져 간신히 사용하고 있는 물건은 지금 당장 버리세요.

6. 겹친 물건

똑같은 것이 두 개 이상 있다면 사용하기 쉬운 것, 좋아하는 것을 남기고 나머지는 버리세요. 일테면, 깡통따개, 가위, 손톱깎이, 빗 같은 잡화는 사은품으로 받는 경우가 많아 금방 늘어납니다. 서랍 속을 자세히 조사해 골라 버리세요.

실제로 버려보니 어떠세요? 의외로 버리는 쾌감이 있지 않나요? 우선 버리는 일에 익숙해지는 게 중요합니다. 하루에 15분이라도 버리는 시간을 둠으로써 버리는 준비를 갖춥니다.

버리는
행위에는
맹점이
있다.

　　　　　　　　지금부터는 물건을 버리면서
빠지기 쉬운 5가지 맹점을 소개합니다.

맹점 1 「올바르게 버리는 방법」이란?

타츠미 나기사 씨의 『'버리는!' 기술』이 출판되어 화제
가 된 게 2000년 봄. 벌써 16년 전의 일입니다. 그 후에도 야
마시타 히데코 씨의 「단샤리(斷捨離, 불필요한 물건을 줄여 생활
에 조화를 가져온다는 사상-옮긴이)」 시리즈와 콘도 마리에 씨의
『인생이 빛나는 정리의 마법』으로 대표되는, 물건을 버리

는 방법이 주제인 책들이 여럿 출판되어 베스트셀러가 되었습니다.

이처럼 노하우는 풍부한데 여전히 대량의 물건에 둘러싸여 살며 불필요한 물건의 처분에 고민하는 사람이 끊이지 않습니다. 도대체 왜 그럴까요?

여기에는 2가지 이유가 있다고 생각합니다.

하나는 노하우 책이 많이 나오는 바람에 **버리는 방법에 집착해버린다**는 점. 또 다른 하나는 **정리에 관한 기본적인 원칙을 잊어버린다**는 점입니다. 예를 들면,

'물건은 장소별로 버리는 게 좋을까.'

'아니면 물건의 카테고리별로 버리는 게 좋을까.'

'버리는 물건은 어떤 식으로 처분하면 좋을까.'

등과 같은 것을 너무 지나치게 생각하는, 이른바 「올바르게 버리는 방법 환상」이 있기 때문입니다. 노하우에 집착하게 되는 것은 성실하고 꼼꼼한 국민성을 가진 우리 일본인의 특성일지 모릅니다.

저는 물건을 버리는 일은 단순히 「집에 있는 불필요한 용품을 밖으로 내보내는 행위」라고 정의하고 있습니다.

정리의 목표는 어디까지나 물건을 줄이는 것. 그 **목표만**

달성하면 방법에 집착할 필요는 없다. 그런 마인드로 바꿨습니다.

제 자신도 처음에는 방법에 집착하는 부분이 있었지만 결국 눈앞에 있는 것을 버리는 수밖에 없다는 사실을 깨달 았습니다.

애당초 사람에 따라 많이 가지고 있는 물건도, 수납하는 버릇도, 생활환경도 다릅니다. 물건을 버린다는 목표를 달 성하기 위해 「버린다」는 행위에만 포커스를 맞추는 수밖에 없습니다.

맹점 2 청소와 정리는 비슷하지 않나?

「정리」는 「아깝다」는 생각을 버리고 필요 없는 물건을 버림으로써 쾌적한 생활로 돌아가자는 사고방식입니다 (『단샤리』를 집필한 야마시타 히데코 씨가 제창). "정리하 세요."라는 주장에 많은 사람이 찬동해 일본 전체가 버리는 일에 몰두했습니다.

그런데 정리를 할 계획이었는데 단순히 청소만 이루어 지는 경우가 있습니다. 이것이 두 번째 맹점. **정리와 청소는**

비슷하지만 사실은 전혀 다른 것입니다.

"하지만 청소할 때 물건을 버리잖아요?"

라는 소리가 들리는 듯합니다. 확실히 버리긴 하지만 청소로 버리는 것은 명백히 쓰레기가 많죠.

청소는 쓰레기를 버리면 버리는 작업이 끝납니다. 그 다음에는 방에 어질러져 있던 물건을 원래 장소에 놓거나 진열하거나 다른 장소로 이동시킵니다. 즉, **집 안에서 물건이 나오지는 않습니다.**

이것이 맹점입니다. 집 안에서 물건이 나오지 않으면 물건의 절대량에는 변함이 없습니다. 수납장소가 물건의 양에 비해 적은 경우, 조금 있다 또 청소를 해야 하는 지경이 됩니다. **청소→어질러진다→청소→어질러진다는 과정을 끊임없이 계속하게 됩니다.**

물론 주변 청소는 생애에 걸쳐 해야 하는 일이지만 여기에 「물건을 버린다」는 행위를 넣으면 **어질러진다→과감히 버린다→청소→조금 어질러진다→또 버린다→청소→아주 조금 어질러진다**는 식으로 점차 어질러지는 비율이 줄어듭니다.

청소를 해도 상황은 거의 변하지 않지만 **버리는 행동을 개**

입시키면 청소가 편해지고 점차 주위가 정리됩니다.

청소와 수납은 현상 유지를 위한 대증용법이고, 물건을 버리는 것은 근본적인 문제에 메스를 들이대는 원인요법입니다.

청소만 해도 그 장소가 치워지고 깨끗해지기 때문에 달성감이 있죠. 하지만 청소의 함정은 여기에 있습니다.

청소를 계속하는 것만으로는 물건의 수가 줄지 않아 아무리 시간이 지나도 가슴이 후련한 환경을 손에 넣을 수는 없습니다.

맹점 3 「설레며」 버릴 수 없는 이유

일본은 물론 미국에서도 베스트셀러가 된 콘도 마리에 (애칭 콘마리) 씨의 『인생이 빛나는 정리 마법』을 읽고 과감하게 물건을 버렸다는 사람이 많습니다.

그러나 한편, 블로그 독자들과의 대화를 통해 책을 읽고도 조금도 버리지 못한 사람도 역시 많지 않을까? 하는 생각에 이르렀습니다.

아무래도 아무도 지적하지 않은 의외의 함정이 있다고 생각합니다.

콘마리 씨는 "같은 카테고리의 물건(옷이나 소품 등)을 전부 꺼내 버린다.", "하나하나 만져보고 설레는가 / 설레지 않는가를 스스로 물어보고 설레는 것만을 남긴다."고 적었습니다.

　저도 그 책을 읽었을 당시 사고방식에 크게 감명을 받았고, 이미 물건을 버릴 수 있었던 점도 있어서 보다 잘 버릴 수 있었습니다.

　하지만 물건을 버리는 데 익숙하지 않은 경우에는 이 「만지는 행위」가 물건에 집착을 가지게 해 버리기 어렵게 만든다고 생각합니다.

　만지는 것, 촉각이라는 것은 상상보다 강력한 감각입니다.

　촉각은 인간이 태어나 처음으로 느끼는 감각입니다. 갓난아이가 어머니의 자궁 속에 있을 때 처음으로 느끼는 감각이 촉각입니다. 피부에는 촉각수용체라는 센서가 있어서 인간은 누구나 만짐으로써 다양한 감정을 주고받습니다.

　누군가 슬픔의 심연에 빠져 있을 때 위로하는 말을 하지 않더라도 우리는 살짝 손을 잡고 어깨를 만지는 것만으로도 자신의 마음을 전달할 수 있고 또 상대도 그 마음을 알아차립니다.

아주 잠깐 만지는 것만으로 인간은 커뮤니케이션을 할 수 있습니다.

사람은 다른 사람을 만짐으로써 어떤 종류의 감정을 전달한다는 실험 결과도 있습니다. 일테면, 분노, 공포, 혐오감, 사랑, 감사, 공감, 행복, 슬픔이라는 감정 말입니다.

촉각이 활약하는 것은 다른 사람을 만질 때만이 아닙니다. 물건을 만져도 우리는 다양한 감정을 가집니다.

아직 말을 잘 모르는 어린 아이는 물건을 만져 그것이 무엇인지 파악하려고 합니다. 어른도 이 옷은 부드러워 촉감이 좋다든가 이 돌은 차가워 마음이 편하다든가 같은 다양한 감정이 물건을 만지는 것만으로 생깁니다. **물건을 만지는 것은 인간의 감정을 흔드는 일입니다.**

이는 콘마리 씨 본인도 책에 썼습니다. 마음을 담아 옷을 갤 때 손에서 에너지를 보낼 수 있다고.

처음 읽었을 때 '이런 바보 같은 말이!'라고 생각했지만 촉각이 지닌 힘을 생각하면 충분히 공감할 수 있습니다. 사람은 뭔가를 만지는 과정에서 그 대상에 감정적인 유대감을 느낍니다. 또 만지고 있는 시간이 길면 길수록 보다 가치가 있다고 느끼는 경향이 있습니다.

이제 막 버리려고 할 때, '이건 이제 필요 없지 않나?' 하고 생각해 정리하려고 만졌는데 물건에 대해 집착이 생겨버린다?

저는 이 점을 깨달은 후부터는 최대한 물건을 만지지 않고 버리려고 합니다.

물론 물건을 쓰레기통에 버리거나 기부함에 넣는데 만지지 않을 수는 없었습니다. 그래서 저는 이런 방법을 생각해냈습니다.

'버리자'고 생각하면 바로 집어서 쓰레기통으로. 즉, 만지는 시간을 가능한 한 짧게 하는 겁니다. 「집는다, 버린다.」를 원 투라는 두 번의 액션으로 끝냅니다.

- '버리자'고 생각하면 재검토는 전혀 하지 않는다. 감정을 담지 않고 극히 사무적으로 버린다.
- 물건을 일일이 들고 보지 않는다.

콘마리 씨의 방법으로는 좀처럼 버리지 못했던 분이라면 꼭 한 번 시도해보세요.

맹점 4 불필요한 용품을 돈으로 바꾼다.

기본적으로 어떤 아이템이든 어떤 장소에서든 버리는 게 좋다고 생각하지만 한 가지 명심해야 할 게 있습니다.

그것은 물건을 버릴 때는 돈으로 바꾸겠다는 생각을 하지 않는다는 점입니다. 저는 쓰레기로 버리는 것 외에는 모두 기부합니다.

저에게 있어 버리는 물건의 처분 방법은 ① 버린다(재활용을 포함). ② 다른 사람에게 준다. ③ 지역의 자원봉사센터에 기부한다는 3가지입니다.

몇 년 전에 운동화를 샀는데 사자마자 내놓았습니다. 가게나 제 방에서 신어봤을 때는 조금 꼭 끼기는 했지만 괜찮은 것 같았습니다. 그런데 실제로 신고 실외에서 달리기 시작했더니 발등이 너무 아팠습니다.

이미 신고 달렸기 때문에 반품은 할 수 없습니다. 한 사이즈 큰 운동화를 다시 사고 이 운동화는 자원봉사센터에 보냈습니다. 100달러 정도였기 때문에 딸은 "정말 아깝다. 인터넷 경매 사이트에 내놓으면 될 텐데, 바보 같아."라고 말했습니다.

사실 아직 사용할 수 있는 물건을 프리마켓이나 벼룩시장, 경매, 위탁판매 등을 이용해 판매하면 돈으로 만들 수 있습니다. 현명한 처분 방법이라고도 생각합니다.

그러나 저는 그렇게 하지 않습니다. **팔려고 하면「버리는」일에 집중할 수 없기 때문입니다.** '이거 나중에 팔아야지.'라고 생각하면 그런 물건만을 구분해 집 안 어딘가에 놓아두게 됩니다. 경매에 익숙한 사람은 금방 팔 수 있겠지만 판 경험이 없는 경우는 어떨까요.

그런 경우는 우선 경매 사이트에 등록해 경매 방법을 아는 것부터 시작해야 되지 않을까요. 도중에 귀찮아져 모든 게 싫어지면 '역시 버리는 것도 그만두자.'고 할지 모릅니다.

심플하게 필요 없는 물건을 버린다. 이걸로 대부분은 해결할 수 있습니다.

미니멀리스트의
최대 적은
가족?

"애써 버려 만든 공간에 남편이 물건을 놓았습니다(화남)."

"시어머니가 제가 버린 티셔츠를 아깝다며 입고 있어요."

"아이 장난감이 한없이 늘어나 곤란합니다."

블로그 독자들이 보내는 「버리는 고민」 중에서 눈에 띄게 많은 것이 가족과 관련된 내용입니다. 이런 고민의 근본에 있는 것은 '자신은 **열심히 버리고 있는데 가족이 물건을 늘려 방해를 한다.**'는 얘기입니다. 이런 마음, 저도 잘 압니다.

만약 가족들이 「정리를 잘 하는 사람들」이었다면 얼마나 깔끔한 집에서 살 수 있을까 하고 한숨을 지은 게 한두 번이 아닙니다. 부엌이나 거실을 정리할 때마다 여러 번 스트레스를 받습니다.

　6년 전의 일입니다. 거실 정리에 심혈을 기울이고 있는데 방 한편에 남편이 이웃 할아버지에게 받은 낡고 큰 의자가 놓여 있었습니다.

　이 의자는 천으로 덮인 팔걸이의자로 흔들의자처럼 앞뒤로 흔들렸습니다. 이미 거실에는 검은 가죽 소파가 두 개나 있었기 때문에 팔걸이의자 같은 건 필요하지 않은데 남편이 괜한 물건을 얻어왔다는 게 제일 처음 느낀 불만이었습니다.

　이 의자가 다른 가죽소파와 너무 달라 보였기 때문에 다른 가구와도 어울리지 않아, 볼 때마다 잡동사니 같은 분위기를 자아냈습니다. 게다가 남편이 이 의자에 앉아 몸을 흔들 때마다 끽끽 하고 소음이 나는 것도 마음에 들지 않았습니다.

　남편은 이 의자를 자기만의 안식처로 삼아, 바로 옆에 있는 붙박이 선반에 자신이 읽고 싶은 카탈로그나 프리 매거진, 간식, 필기구처럼 바로 쓸 수 있는 것들을 놓고 발밑에는 자기 가방이나 헤드폰 등 몸에 지니는 물건을 놓았습니다.

저는 남편의 안식처를 건드리지 않습니다.

아무리 거실의 물건을 줄여 깨끗하게 해도 이 공간만큼은 마치 꿈의 섬 같은 분위기를 자아내고 있었습니다.

◉ '자신에게 엄격하게, 다른 사람에게 너그럽게'를 명심하자.

이처럼 가족이 있는 분은 정리를 할 때 가족의 소지품이 거추장스럽게 보이는 경우가 종종 있습니다. 말할 필요 없이 아무리 가족의 소지품이 거추장스럽더라도 그 사람의 허가 없이 버리는 것은 절대 안 됩니다.

이상하게도 **사람은 자기 물건은 전부 소중하게 여기지만 다른 사람의 물건은 잡동사니로 보입니다.** 벽장 속에 있는 것들은 가족 모두 십중팔구 잊어버리고 있을 겁니다. 그렇기 때문에 버리고 싶다는 충동에 사로잡히고 실제로 버려도 아무도 모를 겁니다.

그러나 이런 일은 위험합니다. 신용의 문제와 연관이 있습니다. 지금은 그 물건의 존재를 잊고 있더라도 며칠 뒤, 혹은 몇 개월 뒤, 어쩌면 몇 년 뒤에 어떤 계기로 생각이 날 수 있습니다. 자신이 간직했던 물건이 다른 사람 멋대로 처분된다면 좋아할 사람은 아무도 없습니다.

저는 평소 물건을 자주 버리는 탓인지 제가 버린 것도 아닌데 가족들은 물건을 찾다가 못 찾으면 "혹시 버렸어?" 하며 누명을 씌웁니다. 단순히 물건이 지나치게 많아 닥치는 대로 물건을 내놓는 사람은 남편인데 말입니다. 대체로 나중에 남편이 찾았던 물건이 나옵니다.

이런 트러블을 피하기 위해서라도 상대가 부탁하지 않는 한 「다른 사람의 물건에는 손을 대지 않는다.」는 룰을 스스로 철저하게 지키는 게 좋습니다.

이전에 딸의 방을 치우다가 버려선 안 되는 물건을 버린 적이 있습니다. 쓰레기라고 생각해 버린 미용 팩 상자였는데 "사실은 내용물이 남아 있었다."며 엄청나게 혼났습니다. 덕분에 드러그스토어로 새로운 팩을 사러 달려가야 했습니다.

이제까지 스스로 버린 물건을 놓고 '버리지 말 걸 그랬어.'라고 후회한 적은 한 번도 없습니다. 그러나 그 팩은 버리지 않았던 게 좋았을지도… 하고 달리면서 생각했습니다.

⬤ 다른 사람은 바꿀 수 없다.

저는 남편과 가사 분담이나 물건의 정리 방식에서 여러 번 충돌했던 경험을 통해 하나의 진리에 도달했습니다. 그것은 다른 사람의 행동을 바꾸는 것은 불가능하고 스스로 바꿀 수 있는 것은 자신의 사고방식과 행동뿐이라는 겁니다.

아무리 가족의 행동이 자신의 버리는 프로젝트에 방해가 되더라도 상대를 바꾸려고 하는 것은 시간 낭비입니다.

제게 이상적인 생각이나 삶이 있듯이 다른 사람에게도 그 나름의 삶의 방식이 있습니다. 이것은 가족이라도 존중해야만 합니다.

상대에게 물건을 버려라, 정리를 해라 요청해도 괜한 수고에 그칩니다. **사람은 자신이 하고 싶은 일만 합니다.**

버리기 전에 필요한 것은 쓰레기봉투보다 「결의 표명」

실제로 물건을 버리기 전에 다음과 같은 3가지 마음의 준비를 해두기를 권합니다.

준비 1   버리는 결의를 하고 자신은 반드시 버릴 수 있다고 자신을 믿을 것.

준비 2   왜 내가 물건을 버리는지 버리는 목적과 이유를 명확하게 할 것.

준비 3   버리면 얼마나 좋은 일이 생기는지 장점을 생각할 것.

이제까지 "정리하고 싶은데 좀처럼 생각대로 되지 않는다.", "일단 정리는 했는데 어느새 다시 불어났다."고 말하는 사람도 있죠.

내내 정리를 하고 싶지만 어디서부터 손을 대야 할지 모른다, 물건이 너무 많아 겁부터 나서 시작할 수 없다는 사람도 많습니다.

거꾸로 충동적으로 버리고는 소중한 것까지 버려 후회하는 사람도 개중에는 있을 겁니다.

저는 물건을 철저하게 버리는 일은 그리 쉬운 일이 아니라고 생각합니다.

그냥저냥 적당히 물건을 버리다보면 어느새 방 안은 이전으로 돌아옵니다. 그러므로 기술이 필요하고 '버리자!'고 결의하면 '나라면 반드시 할 수 있다!'고 믿는 것이 사실 아주 중요합니다.

준비 1 나라면 할 수 있다고 믿는다.

앞서 얘기했듯 저는 일단 물건을 버렸는데도 아이가 생기고 나자 물건이 다시 늘어난 경험이 있습니다. 그때 '역시 아이가 있으면 심플 라이프는 무리일까.' 하며 일단 포기했습니다.

물건을 버리지 못하는 남편에게 오히려 "침실에 책이 너무 많아.", "캐나다에 온 지 아직 3년도 안 지났는데 잡동사니뿐이야."라는 말을 듣기도 했습니다. 맞는 말이긴 하지만 너무 화가 나면서 자신감을 잃고 말았습니다.

그런 제가 다시 일어나 정리를 계속할 수 있었던 것은 '반드시 깔끔한 방을 보여 줄 테야. 나는 할 수 있어.'라고 스스로를 믿었기 때문입니다.

스스로를 믿었던 근거 같은 건 없습니다. 그러나 스스로 할 수 없다고 생각하면 거기서 바로 게임오버입니다. 스스로를 믿는 일 이외에는 당시 제가 할 수 있는 일이 없었습니다.

준비 2 나름대로 버리는 이유를 명확하게

버리기 전의 준비로 '왜 나는 물건을 많이 버리려고 하나?'라는 질문에 나름의 대답을 찾는 게 좋습니다.

"조금이라도 청소를 쉽게 하고 싶어서."

"지저분한 방을 더 이상 볼 수 없어서."

"바닥에 쌓인 잡지를 보는 데 지쳐서."

"다음 주, 아이의 가정 방문이 있으니까."

"곧 이사를 가니까."

정리를 하는 이유와 목적에 정답과 오답은 없으므로 나름의 비전을 그리면 충분합니다.

준비 3 달성하고 싶은 나만의 목표를 설정한다.

제가 처음으로 물건을 버린 이유는 평범하지만 더러운 방을 보는 게 지긋지긋했기 때문입니다. 저는 원래 심플 라이프를 동경했습니다.

최소 필요한 가구만으로, 물건이 있는 장소는 모두 정해져 있고, 굳이 물건을 찾아 헤맬 필요가 없는 삶이 이상이었습니다.

가령 일주일 동안 철저하게 물건을 버리고 싶다고 생각했다면 '버려서 이렇게 되고 싶다.'는 목표를 떠올리세요.

"정리하는 것은 어디까지나 나 자신이다."

이렇게 목소리를 내어 얘기하면 의지가 강해져 작업이 수월해질지도 모릅니다. '정리를 하지 못한다.'고 느껴버리면

정리가 힘들어지기 때문입니다.

처음부터 자신은 어떻게 되고 싶다는 큰 목표를 생각하기 어렵다면 우선은 작은 목표를 정해 하나씩 달성해보세요.

예를 들면, '다다미 위에서 빈둥거리며 과자를 먹고 싶다.'는 목표가 있으면 '우선은 바닥에 굴러다니는 물건을 정리하자.'는 생각이 듭니다.

'자기 전에 침대 위에 있는 옷들을 치우지 않아도 되는 방이었으면 한다.'고 생각하면 우선은 옷장 안을 정리해 옷을 다 넣을 수 있게 되겠죠.

정리하기 전에 작은 목표를 정하면, **만약 5분밖에 정리할 시간이 없었더라도 자신이 목표를 향해 조금 전진했다는 것을 실감할 수 있어서 '더 노력하자!'는** 생각이 듭니다. 정리의 동기부여를 유지할 수 있다면 쉽게 좌절하지 않습니다.

경험자가
말하는,
물건을 버려
좋았던 이유

이번 장의 마지막으로 물건을 버리는 장점을 재확인해보죠.

"버리면 물건을 찾아 헤매는 일이 줄겠구나." "괜한 물건을 사지 않으니까 돈을 모을 수 있다." "친구들을 언제든 부를 수 있다." "방을 깔끔하게 치우고 원하는 인테리어를 하자." … 등 개인적인 장점이라도 상관없습니다.

제게는 버리는 장점이 실로 많습니다.

방이 깨끗해지면 그냥 기분이 좋고 물건을 찾아다닐 필

요가 없어지고 청소가 쉬워져 시간이 생깁니다.

그리고 **스트레스가 없기 때문에 심신의 건강도 얻을 수 있습**니다.

게다가 주위에 있는 물건은 우리의 집중력을 해칩니다. 각자가 '나를 봐, 나를 봐.' 하며 자기주장을 하기 때문에 주위가 분산되어 원래 해야만 하는 일에 집중할 수 없습니다.

제 블로그 독자 여러분은 물건을 버려 좋았던 이유로「시간이 생겼다」를 주로 말합니다. 소지품이 줄면 당연히 관리할 시간이 남습니다. 물건을 찾는 시간도 줄고 청소도 쉬워집니다. 장난감을 100개 보관하는 것과 하나만 보관하는 것 중 어느 쪽이 힘들지는 생각할 필요도 없습니다.

특히 주부는 가족에게 "그거 어디에 있어?"라는 질문을 받을 때가 많습니다. 그럴 때 "스스로 찾아 봐."라고 말하는 대신 별 고민 없이 턱 내놓을 수 있으니 정말 편합니다. 가족의 물건만이 아닙니다. 자신의 물건도 마찬가집니다.

오직 이것 하나만으로도 놀랄 정도로 스트레스가 줄어듭니다.

> 「가지지 않는
> 생활」로
> 돈을
> 모은다.

두 번째 장점은 물건을 지나치게 많이 지니지 않으면 돈을 점점 모을 수 있습니다.

'왜 이렇게 많은 물건을 샀을까…' 조금씩 소지품을 버리기 시작하면 대부분의 사람이 자신의 낭비를 깨닫습니다. **또 물건을 버리는 것은 자신의 과거와 선택의 실패를 인정하는 것**이기 때문에 괴로운 심정이 들 수도 있습니다.

하지만 예를 들어 옷의 경우, 버리는 작업을 계속하면 기호나 입고 싶은 옷이 점차 명확해집니다. 입지 않는 옷을 버리는 것은 앞으로 자신이 입을, 정말 좋아하는 옷을 선별하는 것이기 때문입니다.

반대로 자신이 원하는 스타일이나 **되고 싶은 모습을 스스로 분명하게 함으로써 입어야 하는 옷을 선택**할 수도 있습니다. 남겨야 하는 옷을 금방 판단할 수 있겠죠.

내가 입고 싶은 옷을 알면 망설임이 없어지기 때문에 괜한 옷을 사지 않습니다.

쇼핑을 너무 많이 하는 사람은 정말 원하는 것을 모르는 것일 수도 있습니다. 저도 그랬습니다.

물건을 줄임으로써 자신의 진짜 물건이 생기기 때문에 다양한 물건을 사들여 얼마나 잘 쓰는지를 비교할 필요도 없고 쇼핑에 실패하는 일도 줄어듭니다.

◉ 물건을 버리면 가볍고 자유로워진다.

우리가 쇼핑을 하는 이유는 다양합니다.

정말로 원하는 물건이나 필요한 물건을 사는 건 당연합니다. 하지만 시간을 죽이기 위해, 스트레스 해소를 위해, 단순히 즐거움을 위하여… 등 **만족하지 못하는 자신을 메우기**

위해 산 물건도 있습니다.

저는 물건이 줄면서 날마다의 고민이 줄어 스트레스를 풀기 위한 쇼핑이 줄었습니다. 물건을 버리면서 항상 제 자신이 원하는 이상적인 생활을 그리기 때문에 정말 하고 싶은 것을 찾았습니다.

그러자 시간을 죽이기 위한 쇼핑이나 즐거움을 위한 쇼핑도 줄었습니다. 그런 이유로 돈이 많이 남습니다.

주거환경이 좋아지면 스트레스가 줍니다. 자신의 욕구를 알면 당연히 몸과 마음이 건강해집니다. 엉망진창인 방은 물리적으로 더럽습니다. 먼지와 쓰레기가 가득한 장소는 진드기 같은 벌레의 온상, 병의 원인이 될 가능성도 있죠.

더러운 방에서 벗어나 깨끗한 방의 주인이 되고 자기 인생의 목적을 발견하면서 하고 싶은 일을 하는 생활은 마음을 편안하게 하고 충실하게 만듭니다.

"물건을 버리면 가벼워지고 자유로워진다."

물건을 더하지 않고 **빼면** 인생이 완전히 바뀝니다.

제3장

드디어 개시!
「일주일 동안에
80퍼센트
버리는」 플랜

「프라임 존」부터 시작하면
어떤 사람이라도
물건을 줄일 수 있다.

80퍼센트는 쓸모없는 것이라는 사실을 알기 위해

저는 인생의 반을 「물건을 줄이는」 일로 고민했다고 해도 과언이 아닙니다. 하지만 우두커니 시행착오만 되풀이했던 것은 아닙니다. 버리면서 수많은 배움과 깨달음을 얻었습니다.

버리는 데 익숙해지자 드디어 일주일 동안 80퍼센트를 버릴 수 있었습니다. 왜 일주일이냐면 거기에는 이유가 있습니다.

○ 일주일 동안에 「버리는」 경험치를 높이자.

매일 조금씩 버리면서 정리를 계속할 수 있는 사람도 있습니다. 하지만 매일 5분의 정리로 도대체 언제 끝이 날까요. 정신이 아득해집니다.

제 개인적인 경험으로 우선은 일주일만 매일, **특히 자신이 물건을 쌓아놓고 있는 장소를 정리하기**를 권합니다. 일주일 동안 매일 하는 것은 버리는 일을 습관화하기 위해서입니다. 아무리 바쁘더라도 일주일 한정이라면 쉽게 지속할 수 있습니다.

우선 일주일 동안 「버리는 일」을 계속해 견뎌내면 시각적인 달성감을 얻을 수 있습니다. 그 결과 '나도 버릴 수 있다.'는 자신감을 얻어 **좀 더 깨끗하게 지내고 싶다는 욕구가** 생깁니다.

물건을 잔뜩 가지고 있는 사람은 '일주일 만에 모든 것을 치우라고?' 하고 생각할 수도 있지만 집 안에 있는 모든 잡동사니를 일주일 만에 버리라는 것은 아니니까 안심하세요.

애당초 한두 번의 정리로 집 안의 잡동사니를 전부 버릴 수는 없겠죠. 왜냐면 우리들의 생활도 주변도 계속 변화합니다. 이것만 버리면 끝나는 게 아니라 일단 버려도 시간을 두고 다시 확인할 필요가 있기 때문입니다.

그래서 우선 일주일 동안만 집 안에서 가장 물건이 많이 쌓여 있는 **장소를 정리하면서 버리는 경험치를 높여 앞으로 집 안에 있는 모든 잡동사니를 일소하는** 것을 목표로 삼는 겁니다. 이 일주일 동안은 「버리는 일」을 우선순위 3번 이내에 두고 집중해서 도전하세요.

신기하게도 일단 잡동사니의 원흉을 처리하고 나면 **나머지도 점점 버리고 싶어져 놀랄 만큼 정리에 가속도가 붙습니다.** 즉, 일주일 동안의 정리를 마중물로 해서 결국에는 집 안 전체를 깨끗하게 하는 겁니다.

버릴 때는 '끄집어낸 물건의 80퍼센트는 필요 없다'는 점을 의식하세요.

물건을 사서 사용하지 않고 보관하는 것은 하나의 생활습관입니다. 이 습관을 버리고, 사용하지 않는 물건을 적시에 버려 물건을 신진대사 시키는 습관을 익혀야 합니다.

사람은 일주일 동안에 변화합니다. **「변하기」로 결정하면 지금 이 순간에 변할 수 있습니다.**

잡동사니 문제의 근원 「프라임 존」이란?

　　　　　　일주일 동안에 정리하는 일은 어렵지만 일주일 동안 정리할 수 있는 데는 비밀이 있습니다.

바로 「프라임 존」에서 시작하는 겁니다.

프라임 존은 특별히 물건이 많이 쌓여 있는 곳. 저는 잡동사니가 많이 모여 있는 곳을 그렇게 부릅니다. 프라임은 영어로 「근본적인」이라는 의미가 있습니다. **잡동사니 문제의 근본적인 원인이 되고 있는 것이 프라임 존입니다.**

집 안에서 가장 물건이 많은 곳을 떠올리세요. 특별히 물건이 엉망진창 놓여 있는 곳이나 지나치게 많이 가지고 있는 물건이 모여 있는 곳…그곳이 당신의 「프라임 존」입니다.

일반 가정에서 특히 물건이 많이 쌓여 있을 만한 곳은 **옷장, 세면실의 서랍, 찬장, 책상서랍, 옷장 서랍, 식료품 저장고** 정도겠죠.

물건을 쌓아두는 장소는 사람마다 다르지만 누구든 틀림없이 집이나 방 어딘가에 프라임 존이 있을 겁니다. 이 프라임 존에 있는 물건을 집중적으로 정리함으로써 집 전체의 정리에 박차를 가합니다.

> 단숨에
> 끝내자고
> 지나치게
> 열중하지
> 않는다.

「프라임 존」부터 정리하라고 권하는 것은 이유가 있습니다.

'장소별로 정리한다.' '아이템별로 정리한다.' 등 다양한 정리 방법이 제창되고 있지만 물건이 잔뜩 있을 때는 **장소별로 버리는 것을 권합니다.** 물건은 모두 어떤 장소에 처박혀 있을 테니까요.

◉ 정리에 사용하는 시간은 1세트 15분

이제 버리는 구체적인 방법인데, 정리하고 싶은 조그만 장소나 줄이고 싶은 물건을 선택하고 우선 전부 꺼냅니다.

일테면 조리 잡화가 들어 있는 서랍 하나만, 책장을 한 칸만, 세면실의 서랍 하나만, 옷장에 걸려 있는 재킷 종류만 등, 그날 자신이 1~2시간이면 정리할 수 있는 양만큼만 내용물을 꺼내세요.

정리를 단숨에 끝내려고 너무 지나치게 열중해선 안 됩니다. 한 번에 끝내려다가 그날 중으로 정리하지 못한 물건을 거실이나 침실에 늘어놓으면 반드시 후회합니다.

각각의 **정리에 사용하는 시간은 1회 15분**입니다. 타이머를 맞추고 버리기 시작해 15분이면 끝입니다.

잠깐 휴식을 취하고 다음 세션을 시작합니다.

시간이 허락하는 한 정리하고 싶을 수도 있지만 **하루 1시간 반~2시간, 5~8세션**이면 충분합니다.

저는 물건을 줄였다가 늘린 경험을 통해 결국은 한 번에 정리하지 않는 게 더 많은 물건을 버릴 수 있다는 결론에 도달했습니다.

단숨에 정리하려고 하면 뇌가 피로해져 「버릴지 말지」의 판단기준이 둔해집니다. '이건 그다지 버리지 않아도 되지 않을까.' 하는 생각이 들어 **스스로에게 물러지거나 시간을 들인 것에 비해 그다지 정리가 되지 않습니다.** 이 현상은 앞서 얘기한 「결단 피로」에 기인한 것입니다.

조금이라도 「버렸다」는 성공 경험을 얻으면 다음 날에도 똑같이 버릴 수 있습니다. 이렇게 **일주일 동안 버리는 경험을 쌓아, 버리는 근력을 강화하면서 조금씩 버리는 것이** 리바운드도 적고 집 전체의 물건을 줄이기 쉽다는 것을 경험에서 배웠습니다.

> **망설여지면
> 버린다.**

　　버리는 방법의 순서는 아주 간단합니다. 버릴 물건과 버리지 않을 물건으로 구분하고 버릴 물건은 버리고 남길 물건은 원래 자리에 놓기만 하면 됩니다.

　만약 버릴까 말까 망설여진다면 어떻게 해야 할까요? 저는 망설여지면 버립니다. 직감적으로 팍팍 결정이 되지 않을 때는 「망설여지면 버린다」는 룰을 가지는 것이 가장 간편합니다.

　망설이다가 버리지 못하면 결국 나중에 또 버릴까 말까

를 판단하게 됩니다. 그러므로 저는 결단은 한 번에 합니다.

뭔가를 손에 들고서 버릴까 하고 망설인다는 것은 **이미 버리고 싶은 마음, 거추장스럽다고 생각하는 마음이 어딘가에 있기 때문**이 아닐까요.

만약 그것이 정말 중요한 것이라 매일 편리하게 사용하는 거라면 애당초 버리고 싶은 마음이 들지 않을 겁니다.

그러므로 '버릴까?' 하는 생각이 들면 그것은 이미 우리에게 「필요 없는 물건」입니다.

다만 사람은 막상 버리려고 하면 집착이 생기기 때문에 망설이고 맙니다.

실제로 물건을 버려보면 알 수 있는데 망설임 끝에 버려도 **나중에 버리지 말 걸 그랬다거나 다시 사게 되는 일은 거의 없습니다.** 버리면 금방 그 물건을 잊어버립니다.

이 일주일 동안은 설사 망설여지더라도 과감하게 버려보세요.

그럼 지금부터 본격적으로 시작하겠습니다.

많은 사람들의 프라임 존이 될 만한 장소를 일주일 분량으로 뽑아 봤습니다. 물론 프라임 존은 사람마다 다릅니다. 다른 장소를 정해도 괜찮습니다.

그럼 각각의 버리는 방법과 버리는 판단기준을 해설하겠습니다.

「서랍장과 옷장」의 옷을 버린다.

첫날은 옷장과 서랍장부터 정리하는 게 좋습니다. 왜냐면 수없이 가지고 있고, 수납이나 정리에 가장 고민하는 물건이 「옷」이기 때문입니다.

제 블로그에서도 「옷을 버리는 게 테마」라는 기사가 제일 많이 읽힙니다. 많이 읽은 기사 톱10 중에 옷을 버리는 주제를 다룬 기사가 넷이나 차지하고 있습니다.

◉ 입는 옷과 입지 않는 옷을 함께 둬선 안 된다.

저는 현재 워드로브|wardrobe, 옷장이나 의상실이란 뜻으로 그 사람이 가지고 있는 모든 의상을 말한다.-옮긴이|를 14벌까지 줄였습니다. 그 내역은,

- 반소매 티셔츠 2벌
- 긴소매 톱 2벌
- 스웨터
- 트랙팬츠
- 각반
- 일반적인 바지
- 면바지
- 중면 바지
- 면 파카(얇은 것)
- 플리스 파카
- 레인재킷
- 다운재킷

저는 캐나다에 살고 있기 때문에 봄과 여름은 거의 아래는 트랙팬츠, 위는 티셔츠, 그 위에 파카라는 차림입니다. 가을과 겨울은 티셔츠가 긴소매 톱으로, 파카에 스웨터를

입거나 트랙팬츠 밑에 각반을 겹쳐 입습니다.

캐나다라는 토지와 전업주부라는 점 때문에 저는 파카에 바지만 입으면 되지만 일본에서 통근이나 통학을 해야 하는 사람은 그렇지 않을 겁니다. 옷을 줄이는 데는 용기가 필요합니다.

하지만 평소 입는 옷을 떠올려 보세요. 사실은 **마음에 드는 몇 벌의 옷을 돌려 입고 있지 않나요?** 그 수는 가지고 있는 옷의 겨우 몇 퍼센트에 불과하지 않나요? 이 점을 많은 사람들이 놓치고 있다고 생각합니다.

저처럼 극단적으로 가진 옷이 없어도 보통 자주 착용하는 것은 가지고 있는 전체의 20퍼센트 정도입니다. 나머지 11벌도 돌려 입고는 있지만 착용 빈도는 극히 떨어집니다.

많은 여성들이 매일 아침 「입을 옷」이 없다고 고민합니다.

그것은 **입지 않는 옷을 항상 입을 옷과 함께 옷장에 넣어두기 때문**입니다.

서랍이나 옷장에는 많은 의류가 있는데 이렇게 고민하는 것은 너무 많은 옷을 가지고 있기 때문입니다.

가지고 있는 옷의 양에 따라 다르겠지만 옷장에 있는 모든 옷을 다 꺼내지 마세요. 15분 안에 정리하지 못하면 숨이 막힙니다.

우선은 티셔츠만, 톱만, 서랍 하나만이라는 식으로 15분에 종료할 수 있는 작은 타깃을 정하고 수행합니다.

◉ 지금 당장 버릴 수 있는 옷, 6가지 타입

그럼 이제부터 지금 당장 버릴 수 있는 옷을 6종류 소개합니다. 여기에 해당하는 옷은 망설임 없이 버리세요.

1. 1년간 입지 않은 옷

최근 1년간 무엇을 입었는지, 입지 않았는지는 큰 판단기준이 됩니다.

일본은 사계절이 있기 때문에 1년 동안 입지 않은 옷은 아마 내년에도 입지 않을 가능성이 높습니다.

이것만으로도 수가 상당히 줄 텐데 그래도 이 기준으로도 버릴 수 없을 때는 아래의 판단기준도 이용해보세요.

2. 사이즈가 맞지 않는 옷

당연한 말이지만 사이즈가 맞지 않으면 입으면 불편하고 보기에도 좋지 않습니다. 사이즈가 맞지 않는 옷은 바로 버립시다.

종종 '마르면 입자.'고 사이즈가 작아진 옷을 계속 가지고 있는 경우가 있습니다. 하지만, 빼야지 하면서 몇 년…. 그런 경험이 저도 있습니다.

유감스럽게도 만에 하나 마르더라도 그 옷이 어울린다는 보장은 없습니다.

미래를 걱정하기보다는 지금 자신이 입을 수 있는 옷을 남기는 게 좋습니다. 언제 올지도 모를 미래보다 지금 이 시간을 사는 게 즐겁기 때문입니다.

여기서 주의해야 할 것은 **다른 사람에게 주겠다는 마음으로 옷장에 넣어두지 말라**는 겁니다. 스스로 입을 마음이 없으면서 '딸이 크면 줘야지.' '조카에게 줘야지.'라고 생각하는 사람도 많지 않나요?

소중한 사람을 버리는 옷을 처리하는 사람으로 취급하지 마세요.

3. 소화하기 어려운 옷

주름이 잘 가는 옷, 찢어져서 더 이상 수선할 수 없는 옷, 단추가 떨어진 채 그대로 방치된 옷, 이상한 냄새가 나는 옷, 지퍼가 고장 난 옷, 좀이 슨 옷. 이런 옷도 지금 바로 버릴 타이밍입니다.

4. 더 이상 좋아하지 않는 옷

그 옷을 좋아하는지 아닌지는 직감적으로 알 수 있습니다. 옷장과 서랍의 공간은 한계가 있기 때문에 싫은 옷은 한시라도 빨리 처분하세요.

순서가 오면 반드시 입는 1군 선수만 자리한 워드로브를 갖추는 게 이상적입니다.

5. 시대에 뒤떨어진 옷

젊었을 때 입고 좋아했던 옷을 지금도 소중하게 보관하고 있지 않나요? 거의 입지 않는다면 그것도 버리세요.

'곧 이런 옷이 유행하지 않을까?' 하고 생각할 수도 있지만 유감스럽게도 그런 날은 오지 않습니다. 패션의 유행은 40년 주기라고 하는데, 가령 같은 옷이 유행한다고 해도 소재나 커팅이 완전히 다릅니다.

저도 불과 몇 년 전까지 80년대나 90년대에 사서 좋아했던 프렌치 캐주얼 패션을 버리지 못하고 몇 개 가지고 있었습니다. 너무 좋아했기 때문에 아끼느라 잘 입지도 않아 상태가 좋았기 때문입니다.

실제로 입어 보니 정말 어울리지 않았습니다.

옷에도 제철이라는 게 있습니다.

나이에 맞지 않는 옷을 입고 젊은 척 해봤자 꼴 보기 싫다는 것을 깨달았습니다.

6. 추억만을 위해 남긴 옷

신혼여행 때 입었던 옷이나 여행지에서 산 옷을 기념으로 지금까지 보관하고 있지 않나요?

이런 옷은 의류라기보다 「추억의 물건」입니다. 옷이 상징하고 있는 어떤 것에 집착하고 있는 것뿐으로, 옷 그 자체를 마음에 들어 하는 것은 아닐 가능성이 높습니다.

추억의 물건을 버리는 방법(7일째)에서 자세히 설명하겠는데, 추억은 마음속에 있습니다.

아름다운 추억을 잃고 싶지 않다면 사진으로 찍어두고

옷은 버리는 방법도 있습니다. 입지 않는 옷이니까 추억만 추출하는 것은 어떨까요?

◉ 옷가지가 줄어들면 빨래가 늘어난다?

서랍이나 옷장에 지금 자신이 좋아하는 옷, 자신을 잘 표현하는 옷만 들어 있다는 것은 매우 기분 좋은 일입니다.

1년간 입지 않은 옷을 버리는 룰은 코트나 탱크톱 등 계절 옷에도 적용되는 겁니다. 제가 살고 있는 캐나다의 도시는 홋카이도 도심보다 조금 더 추운데 코트 종류도 자주 입는 게 몇 벌 있으면 충분합니다(지금은 다운재킷 한 벌밖에 없습니다).

개인적으로는 코트처럼 **부피가 큰 옷이야말로 오히려 적극적으로 버리고 싶습니다.** 그만큼 옷장의 스페이스가 비니까요.

종종 "옷을 버려 숫자가 줄면 세탁 횟수가 늘지 않냐?"라는 질문을 받습니다. 물론 한 벌뿐이라면 빨래가 힘들겠죠.

제 경우, 옷을 줄임으로써 지금까지 필요 이상으로 빨래를 했던 게 아닌가 하는 생각이 들었습니다. 아이템에 따라 다르겠지만 **옷은 더러워지는 정도에 따라 빨래할지를 결정하면 충분**합니다.

빨래를 하면 옷감이 상합니다. 정말로 옷을 소중하게 여긴다면 한 번 입고 바로 빨래 통에 넣는 게 아니라 외출에 입은 옷은 먼지를 브러시로 털고 더러운 곳이 있으면 젖은 수건으로 통통 두들겨 오염을 지우고 방 어딘가에서 빨리 땀을 건조시키는 게 옷에는 더 좋습니다.

한 번 입은 옷은 반드시 빨아야만 한다. 그런 착각을 버림으로써 훨씬 편안해집니다.

「벽장과 옷장」의 백을 버린다.

우리 일본인들은 남녀 모두 백이나 주머니, 케이스 등 이른바 가방 종류를 좋아하고 지나치게 많이 가지고 있는 것 같습니다. 뭐든 제대로 정리하고 싶은 꼼꼼한 국민성 탓일까요? 어렸을 때부터 다양한 백을 지니는 생활이 익숙하죠.

이렇게 말하는 저도 마찬가지였습니다. 20대 무렵에 이미 다양한 백과 주머니 종류를 가지고 있었습니다. 숫자로 따지면 20개 이상이었던 것 같습니다.

사용하지 않는 물건은 버려야죠. 지금 당장 버릴 수 있는 백을 아래에 소개하겠습니다.

1. 1년간 사용하지 않은 백

언제 사용할지 모르는 것은 모두 필요 없는 것이라고 판단합니다.

다음에 언제 사용할지 분명한 것은 버리지 않아도 괜찮습니다. 일테면 저는 수트케이스를 가지고 있습니다. 꼭 매년 사용하지는 않지만 5년에 한 번, 일본에 돌아갈 때 사용하기 때문에 사용하는 빈도는 거의 없지만 버리지 않아도 괜찮습니다.

2. 곰팡이가 생긴 백

가죽 가방은 곰팡이가 잘 생깁니다. 곰팡이 냄새가 나면 버립시다.

어째서 곰팡이 냄새가 날까 생각해보세요. 사용하지 않고 옷장이나 벽장에 처박아 두기 때문입니다.

그것은 즉 더 이상 사용하지 않는다는 것. 매일 사용했다면 특별히 정성껏 손질하지 않아도 이상한 냄새는 나지 않을 테니까요.

3. 무거운 백

무거운 백은 어깨 결림이나 스트레스의 원인입니다. 그 백을 좀처럼 사용하지 않는 것은 무겁기 때문이 아닐까요.

백은 물건을 넣는 것이기 때문에 **처음부터 무거운 것은 생각해 봐야** 합니다.

너무 큰 백은 무거워지기 때문에 불필요하게 큰 백도 이번 기회에 다시 생각해보죠. 일테면 토트백처럼 물건이 많이 들어가는, 수납성이 뛰어난 백을 가지고 있으면 거기에만 물건을 계속 넣기 때문에 가지고 있는 동안에 점점 짐이 불어납니다. 수납 장소가 많으면 많을수록 물건이 잔뜩 들어가는 것은 백, 파우치, 지갑도 마찬가지입니다. 물건을 늘릴 위험성이 있는 백은 버리는 게 낫습니다.

4. 단순히 허영 때문에 산 백

「괜찮은 여자」로 보이고 싶어서 잔뜩 힘을 주고 산 명품 백. 사용하지 않는다면 이번이 좋은 기회이니 처분하세요. 인간의 가치는 가지고 있는 백으로 결정되는 게 아닙니다.

5. 너무 싸서 산 백

퇴근길에 백화점에 들렀다가 우연히 50퍼센트 타임 세일을 하는 판매대에서 발견한 백이나 백화점 세일 기간에 판매하는 복불복 주머니에서 나온 백이 여기에 해당합니다.

에코백이나 파우치 등도 주의가 필요합니다. 사은품이나 여성지 부록으로 받아 의식하지 못한 사이에 훌쩍 늘어나 있습니다. 에코백이나 파우치도 그리 많이 필요하지 않지요. 평소에 사용하는 것만을 남기고 나머지는 다 버리세요.

백은 매일 가지고 다니는 파트너 같은 존재입니다. **당신이 진심으로 좋아하는 것만을** 사용해야 합니다.

6. 기념으로 산 「추억의 백」

일테면 수십 년 전에 신혼여행에서 산 루이비통 백. 사용하지 않는다면 버리세요. 추억의 옷과 마찬가지로 아무래도 버릴 수 없다면 사진을 찍어두면 좋습니다. 남기고 싶은 것은 그 백이 아니라 **백이 떠올리게 하는 기억**이니까요.

7. 쓰기 불편한 백

보관해두는 백에는 저마다 타당한 이유가 있습니다.

특히 쓰기 불편해서 보관하는 백은 몇 년이 지나도 다시 사용

하지 않습니다.

어깨 결림이 심해 사용하지 않는 숄더백이나 지퍼가 잘 안 열리는 백, 손잡이가 불편한 백 등 억지로 사용하고 있는 백은 이번 기회에 모두 버리세요.

8. 안 좋은 기억이 있는 백

매일 괴로운 심정으로 통근할 때 사용한 백, 시어머니가 줬지만 전혀 마음에 안 드는 백처럼 보고만 있어도 마음이 어두워지는 백이 있지 않나요? 그런 백도 안 좋은 감정과 함께 버리세요.

일하는 여성이라도 평소 사용하는 백은 하나나 둘이면 딱 맞지 않을까요. 일테면 정장일 때와 캐주얼한 의상일 때로 나누어 2개.

이에 더해 여행을 좋아하는 사람이라면 여행 가방과 보스턴백, 그리고 에코백. 육아 중인 어머니라면 마더 백이 포함되니까 대체로 5~6개라는 계산입니다.

저는 숄더백, 배낭, 파우치, 보스턴백, 여행 가방, 에코백까지 총 6개를 가지고 있습니다.

「부엌」의 식기를 버린다.

부엌에서 많이 사용하는 물건이라고 하면 식기를 꼽을 수 있습니다.

일본은 식문화가 풍부해 일식, 양식, 중식에다 다른 동양적인 음식까지 식기를 따로 사용하기도 하고 계절에 따라서도 식기를 나누기도 합니다.

이사를 하거나 결혼 등으로 스스로 식기를 사거나 사은품이나 경품, 사례품으로 받는 경우도 많습니다. 게다가 최근에는 100엔 숍 등에서 괜찮은 식기를 상당히 싼 가격으로 살 수 있습니다.

이처럼 식기는 원래 늘어나기 쉬운 요인을 갖추고 있습니다.

게다가 무겁고 부피가 크기 때문에 버리기가 아주 어렵습니다. 찬장 안에 식기가 가득하다는 것을 알아차려도 좀처럼 버릴 수가 없습니다.

식기를 버리는 5가지 룰을 소개하겠습니다. 이 룰에 따라 버려보세요.

1. 사용하지 않는 식기

옷을 버리는 방법에서 알려드렸는데 **별로 사용하지 않는 식기는 필요하지 않은 물건**이니까 바로 버리세요. 사례나 사은품으로 받은 식기는 스스로 선택한 물건이 아니기 때문에 **지금 사용하고 있지 않다면 아마 앞으로도 사용하지 않을 겁니다.**

받은 채로 상자에 들어 있는 식기를 우선 버리는 게 좋습니다.

또 자기가 가지고 있는 식기와 취향이 전혀 다른 것도 버리세요.

2. 이가 빠지거나 더러운 식기는 버린다.

풍수지리설에서는 이가 빠진 식기를 사용하면 운이 좋지 않다고 합니다. 하지만 그런 얘기보다 이가 빠진 식기를 사용하면 위험해요. 입에 가져가는 식기에 이가 빠져 있다면 입술을 다칠 위험이 있으니까요.

금이 가면 그곳에 오염이나 균이 생겨 비위생적입니다.

무엇보다 보기에 좋지 않습니다. 골동품으로 따로 보관한다면 다른 얘기겠지만 **이가 빠진 식기는 일용품으로서의 수명이 끝난 것**이라고 생각할 수 있습니다.

아주 더럽거나 수세미로 너무 닦아 반짝이지 않는 식기도 사용하지 않으면 버리세요.

3. 사용하기 힘든 식기

사이즈의 차이는 있지만 양식기는 거의 형태가 정해져 있기 때문에 수납하기 쉽습니다. 그러나 일본 식기는 사이즈도 제각각이고 디자인도 다양해 수납이라는 면에서 보면 다루기 힘든 면이 있습니다.

채소의 모양을 본뜬 접시나 접시와 공기의 중간쯤 되는 접시, 하트 모양의 접시, 그릇인지 꽃병인지 헷갈리는 식기까지 다양합니다. 보기에는 좋지만 보관하기에는 정말 어렵습니다.

이런 특수한 형태의 식기는 설거지도 힘들고 수납도 어렵기 때문에 사용하기에 불편합니다. 평소 좋아해 사용하지 않는다면 버리세요.

4. 겹치는 식기

사은품이나 선물로 받는 경우가 많은 머그컵은 아마도 식기 중에 가장 쌓이기 쉽습니다.

저도 옛날에는 식기를 좋아해 잡화점이나 캐릭터 상품을 취급하는 가게에서 눈에 띌 때마다 앞뒤 가리지 않고 머그컵을 샀습니다. 하지만 제가 평소 사용하는 머그컵은 늘 정해져 있기 때문에 그렇게 많이 필요하지 않습니다.

게다가 **겹쳐서 수납할 수 없는 머그컵은 수납에 장소를 차지합니다.** 어떤 식기를 버리면 좋을지 모를 때는 머그컵부터 시작하는 게 좋습니다.

머그컵이나 찻잔 같은 종류는 유행에 따르지 말고 기본적인 것을 하나만 장만해 소중하게 사용하는 게 심플 라이프의 비결입니다.

5. 무거운 식기

종종 아주 무거운 식기가 있습니다. 찬장에 꺼내고 넣기도 힘들고 씻을 때도 고생합니다. 사용하지 않는다면 「버리는 후보」에 넣으세요.

특히 나이가 든 사람이 부엌에서 일하는 경우에는 무거운 식기를 사용하지 말아야겠죠. **설거지를 하거나 수납을 하는 것만으로도 피곤해 사고의 원인이 됩니다.**

예전에 친정을 정리할 때 혼자 사는 80대 어머니를 위해 무겁고 큰 접시를 제일 먼저 버렸습니다.

◯ 계절감은 식재료로 연출할 수 있다.

남길 식기는 평소 자신이 자주 사용하는 것, 그리고 다른 식기와 위화감이 없이 놓을 수 있는 것이 이상적입니다.

설거지가 쉽고, 정리하기 쉽고, 다루기 쉽고, 게다가 전자레인지에서도 사용할 수 있다는 조건을 갖추면 식사 준비도 편해집니다.

애써서 식기를 버리고 새로운 식기를 사면 아무 소용이

없습니다.

- 용도가 많은 식기를 선택한다.
- 계절의 느낌은 식기가 아닌 다른 것으로 표현한다.
- 사례로 받은 식기는 그 자리에서 거절하거나 바로 다른 사람에게 준다.
- 경품을 받는 습관을 버린다.
- 100엔 숍에 가지 않는다.

식기를 늘리지 않는 이 5가지 룰을 꼭 지키세요.

'여름에는 투명한 그릇에 찬 메밀국수를 먹고 싶다.'고 생각할 수도 있습니다. 식기는 계절의 느낌을 연출하는 기능도 하기 때문에 설거지가 쉽고 정리가 쉽다는 조건으로 선택한 식기는 어쩐지 멋이 없을 수도 있습니다.

하지만 **계절의 느낌은 식재료로 연출**할 수 있지 않을까요? 해외에서 사는 제가 보기에는 소면이나 어묵이라는 것 자체에서 충분히 계절을 느낄 수 있습니다.

제철 채소나 과일을 테이블에 놓으면 그것만으로도 계

절을 느낄 수 있습니다.

⬤ 당장 버리는 게 좋은 부엌 아이템

식기 말고도 부엌에는 당장 버려도 좋은 아이템이 많습니다.

이사하지 않거나 정기적으로 쌓인 것을 점검하지 않는 경우, 부엌은 점점 오래된 물건이 늘어납니다.

부엌에 있는 식기를 버리고 명백한 쓰레기를 버린 후 '뭘 버려야 할지 잘 모르겠네.'라는 생각이 든다면 일단 오래된 물건을 버리세요.

많은 사람들의 부엌에 떡 버티고 있는 3가지 오래된 물건은 이겁니다.

1. 부엌용 스펀지

부엌에 있는 낡은 스펀지는 매우 불결하므로 지금 당장 버리세요.

'**집 안에서 가장 더러운 것은 스펀지다.**'는 유명한 말입니다.

부엌의 쓰레기통이나 화장실보다 더럽다는 의견도 있습니다.

물을 흡수하는 스펀지는 물이 제대로 빠지지 않기 때문에 균이 번식할 최적의 장소로 부엌 안을 굴러다니고 있습니다. 균에게 딱 좋은 영양분이 있고 습기까지 갖추고 있기 때문에 스펀지는 행주보다 균이 번식하기 쉽습니다.

저는 설거지를 할 때 우선 필요 없는 종이나 천으로 그릇에 붙은 음식물찌꺼기를 닦고 플라스틱 브러시로 씻습니다. 브러시로 다 안 닦이는 곳은 스펀지와이퍼를 사용하고 있습니다. 스펀지와이퍼는 면과 셀룰로오스로 만든, 독일에서 생산된 행주로 금방 마릅니다.

다만 남편은 스펀지로 설거지하는 것을 좋아하기 때문에 우리 집 부엌에는 스펀지가 있습니다. 남편은 일단 브러시로 식기에 남은 찌꺼기를 털어내고 스펀지에 설거지용 세제를 산처럼 부어 엄청난 거품을 내며 그릇을 닦습니다.

이런 설거지 방법은 결코 건강에도 환경에도 좋지 않지만 다른 사람이 하는 일이라 말릴 도리가 없습니다. 제 고민입니다.

2. 플라스틱 보존용기

플라스틱으로 만들어진 보존용기, 깜빡 하고 있으면 그 수가 훌쩍 늘어납니다.

환경문제나 건강문제까지 다양한 의견이 있다고 생각하지만 플라스틱 보존용기는 아주 편리하기 때문에 사용하려면 **상태가 좋은 것을 사용해야** 합니다.

전자레인지에 여러 번 돌리거나 여러 번 씻어 상처가 나면 그만큼 용기에 사용된 화학약품이 식품에 옮겨지기 쉽다고 합니다.

그렇다고 유기 용기로 바꾼다고 해도 그 수가 너무 많아지지 않도록 주의하세요.

3. 향신료

향신료는 한 번에 많은 양을 사용하지 않기 때문에 좀처럼 소비가 되지 않아 그대로 부엌에 남게 됩니다. 향신료는 주로 작은 병이나 주머니에 담겨 있지만 수가 많아지면 의외로 자리를 차지합니다.

향신료에도 유통기한이 있습니다. 파우더 상태인 것이 3~4년, 잎 모양의 향신료는 1~2년, 그 이외에 재료 그대로의 모습을 한 향신료는 4년이 한계입니다.

병이나 주머니에 유통기한이 적혀 있지 않은 경우나 언제 샀는지 기억이 나지 않으면 이 기회에 버리세요.

향신료는 해가 닿지 않는 차고 건조한 곳에 보관하는 게 가장 좋습니다. 부엌의 향신료 코너도 다시 점검해보는 게 좋습니다.

「책장」의 책을 버린다.

저는 책을 버리지 못하는 타입이기 때문에 책을 버리느라 가장 고생했습니다. 실은 지금도 약 80권 정도를 가지고 있습니다. 이것도 상당히 줄인 겁니다.

많은 물건을 버렸는데 책만은 이런 저런 고민이 많습니다. 그러므로 나름대로 여러 룰을 만들어 남기는 책의 기준을 점점 높였습니다.

바로 버릴 수 있는 책을 생각했을 때 다음 5종류로 분류할 수 있습니다.

1. 읽지 않는 책

한 번 읽고 다시는 읽지 않을 것 같은 책, 아직 읽지 않았지만 아무래도 안 읽을 것 같은 책은 버립니다.

또 여러 해 동안 그 존재를 잊고 있었던 책을 과감하게 버리세요. 특히 소설은, 아주 좋아하고 평생의 애독서이며 그 작가를 연구할 정도가 아니라면 좀처럼 다시 읽는 일은 없습니다.

상태가 나쁜 책도 손을 대는 일이 적으므로 버립니다.

일테면 오랫동안 책꽂이에 꽂힌 채로 있어서 누렇게 변색된 것이나 벌레 먹은 책 말입니다.

제 경우 화장실에서 책을 읽는 경우가 많기 때문에 욕조에 떨어뜨려 책 자체가 엉망인 것은 바로 버립니다.

2. '또 살까?'라고 자문했을 때 '사지 않을' 책

'지금 이 책이 내게 없다면 같은 책을 같은 값을 주고 살까?'라고 자문자답해 '사지 않는다.'고 판단되는 것은 처분합니다.

이 질문은 **소유 효과**로, 지금 자신에게 남아 있는 **책을 다시 검토하는 데 유효**합니다. 소유 효과는 일단 소유하면 필요 이상으로 그 물건이 좋게 느껴지는 심리를 가리킵니다.

특히 책은 경우에 따라 절판되어 더 이상 손에 넣을 수 없을지도 모른다는 두려움 때문에 버리지 못하는 경우가 있습니다. 그러나 그런 걱정을 하기에 앞서 그 책은 두 번 다시 손에 들지 않을 가능성이 더 큽니다.

3. 전자책으로 살 수 있는 책

개인적으로 책은 역시 종이로 읽는 게 좋습니다. 그쪽이 머리에도 잘 남고 독서가 즐겁기도 합니다. 하지만 전자서적으로 살 수 있다는 것을 알면 「더 이상 두 번 다시 손에 넣을 수 없다는」 공포를 이길 수 있습니다.

전자서적을 이용한 적이 없는 사람도 책이 너무 많아 책장에서 넘쳐나고 있다면 도입을 검토해보는 게 어떨까요.

한 번 읽으면 되는 책은 전자책으로 빨리 읽어버리고 여러 번 읽고 싶은 책은 종이책을 이용하는 방법도 추천합니다.

4. 지금 현재 손에 들지 않는 책

옛날에는 여러 번 읽어 너덜너덜해진, 애착이 많은 책. 버리기 어렵다고 생각합니다. '책에 역사가 있다'는 분위기가 돌지요.

하지만 이런 책은 이미 필요하지 않은 책입니다. 저는 **책을 읽는다는 것은 어딘가로 여행을 떠나는 것과 비슷하다고** 생각합니다. 여행을 한다는 것은 어떤 경험을 얻는 것입니다. 책을 읽는 일은 그 세계를 「체험」하는 것입니다.

한 번 그 책을 읽으면 체험은 끝납니다. 그 책의 사명은 끝난 것입니다.

그 여행에서 체험한 것을 기억하는지 못 하는지는 중요하지 않습니다. **중요한 것은 체험했다는 것입니다.**

체험한 것은 혹시 스스로는 '잊어버렸다'고 생각해도 몸의 어딘가에 남아 있습니다. 기억 속에 담겨 있어 앞으로 어디선가 필요하면 이제까지의 경험을 쌓은 결과, 더욱 커진 지혜로 문득 떠오를 겁니다.

책에 적혀 있는 것을 모두 기억할 필요는 없습니다. 인간은 어차피 잊어버리는 동물입니다.

그 책의 핵심은 틀림없이 몸속에 남아 있습니다.

5. 언젠가 되고 싶은 내가 되기 위해 가지고 있는 책

영어 참고서나 문제집, 뜨개질 책, 학창시절의 교과서 등 공부나 자기계발을 위한 책 중에서 보지 않는 책은 버립니다.

이런 책도 좀처럼 버리지 못합니다. 저도 '이 문제집을 다 풀면 틀림없이 실력이 늘 텐데.'라고 생각하는 프랑스어 문제집을 아직도 몇 권 가지고 있습니다.

그러나 아무리 훌륭한 정보가 들어 있는 책이라도 책장에 꽂혀만 있으면 아무 소용이 없습니다. 이런 '언젠가 시간이 생기면 읽자.'고 생각하는 공부를 위한 책은 그것을 **볼 때마다 죄책감을 느끼게 됩니다.** '아직 읽지 못했다. 아직 공부 못 했다.'는 감정입니다.

이 같은 감정은 스트레스이기 때문에 스트레스를 해소하기 위해서라도 가지고만 있고 공부하지 않는 참고서와 교과서는 버립니다. 다시 공부해야겠다고 생각했을 때 사는 것으로 마음 먹으세요.

솔직히 말하면 저는 책에 관해서는 아직도 버리고 있는 중입니다. 책을 버리는 사람은 나만이 아니다. 그렇게 생각하며 용기를 내신다면 기쁘겠습니다.

5일째

「서랍」의 서류를
버린다.

컴퓨터 같은 디지털기기가 발달하고 전자서적도 발달해 앞으로의 시대에는 종이가 없어진다고 하지만 뜻밖에도 우리 주위의 서류는 조금도 줄지 않았습니다. 인간은 역시 종이에 인쇄하지 않으면 걱정이 되는가 봅니다.

디지털데이터는 순식간에 없어질 가능성이 있습니다. 그러므로 중요한 서류는 곁에 두고 싶어서 출력합니다. 이래서 점점 종이가 늘어납니다.

이렇게 말하는 저도 종이를 쌓아두는 타입이었습니다.

제 취미 중 하나는 어학입니다. 게다가 독학을 좋아합니다. 예전에는 인터넷으로 발견한 어학 공부에 도움이 될 법한 자료를 자꾸 출력해 큼지막한 산을 이루곤 했습니다.

일에 사용하는 텍스트(PDF파일 등)도 컴퓨터가 아니라 꼭 인쇄해 파일로 정리해 열람하는 것을 좋아합니다. 그런 까닭에 종이를 열심히 쌓아뒀기 때문에 내내 처분과 정리에 고생했습니다.

'나중에 쓸 수 있는 것, 참고가 될 법한 것은 뭐든 인쇄해 일단 둔다.'는 태도였습니다.

하지만 지금은 제 인생의 남은 시간을 생각하고 그렇게까지 많은 정보를 쫓아다니고 쌓는 일은 없어졌습니다.

정보는 쌓아놓거나 알고 있는 것보다 그 정보를 활용해 무엇을 하는지가 더 중요하다는 것을 알았기 때문입니다. 많은 정보를 정리하려고 하면 선별과 정리에만 상당한 시간이 걸립니다. 그런 데 시간을 써버리면 **핵심인 정보를 사용하는 시간과 기력을 없애고 맙니다.**

◯ 사고 착오로 알게 된,

버릴 수 있는 서류와 버릴 수 없는 서류

지금의 저는 필터링이 필요할 정도의 정보를 쫓지 않고 대신 **어떤 인연으로 제 곁에 온 소량의 정보만을 받아들이고** 있습니다.

현재는 아래와 같이 서류를 정리하고 있습니다.

정리해두는 것

• 계약서 전반, 세금 신고에 필요한 서류(5~7년간) 등

   → 보존해야만 하는 기간이 지나면 버린다.

• 버리고 싶지 않은 추억의 물건

   → 아이가 그린 그림, 소중한 편지를 조금씩 엄선해 보존.

• 지금 지속적으로 사용하고 있는 여러 자료

   → 현재 일에 필요한 자료, 현재 받고 있는 수업의 밴드아웃(배포자료), 학교에서 온 공문은 사용하고 있는 동안에만 보존하고 필요가 없어지면 바로 버린다.

• 지금 지속적으로 사용하고 있지는 않지만 가끔씩 참조하는 서류

   → 저는 프랑스어 발음 방법이나 동사 활용을 정리한 것은 가

끔 보기 때문에 버리지 않고 금방 찾을 수 있는 곳에 보관.

일정기간만 정리해두는 것

• 보증서, 설명서

→ 보증기간이 지나면 매뉴얼은 버린다(지금은 인터넷으로 열람할 수 있다).

• 영수증

→ 기록한 다음 버린다. 쇼핑한 날 바로 버리기 때문에 보존기간은 24시간 이내.

이 이외의 종이는 모두 버려도 괜찮다고 생각합니다. 종이는 가능한 한 인쇄하지 말고, 거기에 적힌 정보가 필요 없다면 과감하게 버리세요. 그러면 그다지 쌓이지 않습니다.

◉ 스크랩은 늪에 빠진다.

정보가 담겨 있다는 점에서 서류와 비슷한 것이 신문과

잡지. 신문과 잡지는 잘 쌓이는 종류입니다.

신문은 매일, 잡지는 최신호만을 남기고 버리기로 합니다. 신문은 매일 다 꼼꼼하게 읽지 않지만 내일이면 새 신문이 배달됩니다.

저는 아예 신문을 보지 않기로 했습니다.

잡지도 버려도 괜찮다고 생각합니다. 잡지의 내용은 대부분이 광고입니다. 그 외엔 다이어트, 저금하는 방법, 수납 방법, 요리법, 계절 패션… 같은 것들의 순환입니다. 오래된 것까지 가지고 있을 필요는 없습니다.

버릴 때 마음에 드는 페이지를 잘라내 **스크랩을 만드는 것도 하지 않는 편이 좋습니다**. 잘라내면 나중에 정리해야 하기 때문입니다. 나중에 읽기 위해 잘라내는 거라면 일주일 이내에 읽고 읽었으면 바로 버리세요. **보존하면 관리해야 한다**는 것을 명심하세요.

여성이 자주 스크랩하는 것이 「요리법」입니다. 요리법 관리는 클리어파일에 넣어두거나, 스캔해 컴퓨터에 보관, 인덱스카드에 직접 써서 재료별로 분류, 또는 스크랩에 붙이는 등의 방법이 있습니다.

이런 일을 하느라 시간과 체력, 기력을 사용하는 일은 아깝습니다. 저는 예전에 마음에 드는 요리법을 클리어파일에 넣어 전부 보관했는데 하나도 활용하지 못했습니다.

인터넷 시대인 요즘, 웬만한 요리법은 다 온라인에서 찾을 수 있습니다. 그래도 꼭 요리법을 보관하고 싶다면 두께 1센티미터로 제한을 두는 등 한도를 정하는 게 좋겠죠.

「거실」 등의 잡화를 버린다.

6일째는 집에 있는 자잘한 물건을 버립니다.

액세서리, 문방구, 캐릭터 상품, 장난감, CD, DVD, 스포츠 상품, 악기, 가사용품, 취미에 사용하는 것 등등.

당신이 특별히 많이 가지고 있는 것을 버리세요. 여기서는 제가 너무 많이 가지고 있던 문방구와 캐릭터 상품을 설명하겠습니다.

◉ 문방구는 3년 안에 다 쓸 수 있는 양만 지닌다.

제 경우 일단 **사용할 펜과 노트를 결정합니다.**

볼펜은 요쿠요의 파워피트(사실 이미 다 버렸습니다.), 샤프펜슬은 펜텔의 터프, 노트는 레터사이즈(A4에 가까운 북미의 표준 사이즈)만을 사용하고 나머지는 깔끔하게 처분하기로 한 것입니다.

문방구가 흩어져 있는 것은 원래 수가 너무 많아서이기도 하지만, 크기가 제각각이라 정리가 어렵기 때문입니다. 사용하는 물건의 크기, 규격을 결정하면 이 문제는 해결됩니다.

자신이 쓰기로 한 물건만 제외하고 다 버립니다.

예를 들어, 규격이 맞는다고 해도 이제까지 전혀 사용하지 않은 것, 있다는 것조차 까먹고 있었던 것, 앞으로 사용할 것 같지 않은 것은 버리세요.

문방구는 너무 쟁여두지 않는 게 중요합니다. 아무리 소모품이라도 평생 써도 다 쓸 수 없는 양을 가지고 있는 건 아무 소용이 없습니다.

볼펜은 사은품으로 자주 받는 물건입니다. 그러나 무료로 받은 볼펜보다 자신이 좋아 직접 산 볼펜을 더 소중하게 사용하는 법이죠?

자신이 좋아하는 필기구를 사용하는 게 스트레스가 더 적습니다. 받았다고 그것을 꼭 사용해야 하는 의무는 없습니다.

자신의 인생에서 남은 시간과 평소 사용하는 빈도를 생각해 최대한 **3년 정도 사용할 수 있는 양을 남기면** 충분합니다.

최근 인기가 많은 마스킹 테이프도 대량으로 가지고 있는 사람이 있는데 몇 년 만 지나면 붙이는 부분이 말라버립니다. 정말 좋아하는 것, 늘 사용하는 것 몇 개만 지니세요.

◉ 캐릭터 상품은 시각적 노이즈

저는 귀여운 것을 좋아해 캐릭터 상품을 잔뜩 가지고 있었습니다. 이런 팬시상품은 그것만 보고 있으면 귀엽지만 잔뜩 모아놓으면 엄청난 시각적 노이즈가 됩니다. 저마다의 색과 문양의 주장이 너무 강하기 때문입니다.

캐릭터 상품은 모두 「주역이 되고 싶은 물건」입니다. 게다가 디자인을 우선하기 때문에 사용이 불편한 것도 많습니다.

작은 캐릭터가 매달린 노트나 샤프펜슬은 실제로 사용하려고 하면 매달린 캐릭터가 방해가 됩니다.

제가 사서 모은 팬시 잡화는 모두 방 안에서 잠들어 있었습니다.

다행인지 불행인지 이런 귀여운 잡화는 사용하는 사람의 연령을 선택합니다. 학생이 가지고 있으면 봐줄만 해도 서른 전후의 여성이 가지고 있으면 좀 미묘할지도…. 연령 제한이 있는 덕분에 저는 27살 때의 정리에서 상당한 양을 처분했습니다.

그래도 완전히 캐릭터 상품을 일소한 것은 몇 년 전이었습니다. 오랫동안 물건을 지니지 않는 생활을 추구하다보니 자기주장이 강한 캐릭터 상품은 심플한 생활에 어울리지 않는다는 것을 깨달았습니다.

문방구도 식기도 질리지 않는 나만의 물건을 정하자 캐릭터 상품과도 인연을 끊을 수 있었습니다. 지금도 잡지나 가게에서 보면 '어머, 이거 너무 귀엽다!' 하고 생각합니다. 그러나 '사고 싶다, 가지고 싶다.'고는 생각하지 않습니다. **집의 주역은 자신과 가족**이지 캐릭터들이 아니기 때문입니다.

최근에는 스트레스 해소나 일의 피로를 풀기 위해 캐릭터 상품을 사는 성인이 적지 않습니다. 그러나 물건 그 자체를 줄이면 「물건 관리」라는 큰 스트레스를 근본적으로 제거할 수 있습니다. **스트레스를 해소하기 위해 물건을 사는 일은 오히려 스트레스를 늘릴** 가능성도 있습니다.

　주장이 너무 강한 캐릭터 상품은 맘에 드는 것을 하나나 둘 정도만 남기기를 권합니다. 숫자를 엄선하면 남은 것을 보다 소중히 여기게 됩니다.

7일째

「집 전체」에서 추억의 물건을 버린다.

이 날은 일주일의 종합, 평가의 날입니다.

사실은 버려야만 했는데 남긴 것이 있습니다. 그것은 「추억의 물건」입니다.

추억의 물건을 버리기 힘든 것은 그것에 자신의 감정이 강하게 얽혀 있기 때문입니다. 그 물건은 자신에게 소중한 것, 다른 사람에게는 그저 단순한 물건. 즉, **추억의 정체는 자기 마음속에 있습니다.**

이것만 이해하면 추억의 물건을 의외로 쉽게 버릴 수 있습니다. 기념품 같은 것은 아래와 같이 생각하면 버리기 쉽습니다.

1. 정말 추억의 물건인가 생각해본다.

상자 속에 잔뜩 담긴 옛날 작문이나 성적표, 연인에게서 받은 편지는 정말 「추억의 물건」일까요?

하나씩 꺼내 '필요하다, 필요 없다, 망설여진다.'를 판별하는 게 귀찮아 '이 상자는 추억의 물건이니까 이대로 두자.'며 특별히 취급하고 있는 건 아닐까요?

저는 버리거나 정리하는 작업이 겁나 **「추억의 물건이니까 버릴 수 없다」**는 변명을 스스로 했던 적이 있습니다.

버리기를 보류해도 좋은 일은 하나도 일어나지 않습니다. 상자의 내용물을 모르겠다면 벌써 그 물건들은 당신에게 필요 없는 것입니다.

2. 추억의 물건은 버리기 어렵다는 착각부터 버린다.

모든 정리 책에 추억의 물건은 버리기 어렵다고 적혀 있습니다. 하지만 이 생각에 저는 위화감을 느낍니다. 모두들 너무 「추억의 물건」을 지나치게 얘기하는 것 같습니다. 그렇게 「추억의 물건」은 소중할까….

추억의 물건이라고 해도 그것을 **사용하지 않는다거나 잊고 있었다면 그것은 이미 불필요한 물건**이라고 생각합니다.

추억의 물건을 버린다고 하면 '소중한 추억의 물건을 버리다니, 무심한 사람.' '이런 물건을 쉽게 버리는 사람은 차가운 사람'으로 여겨지기 쉽습니다.

그러나 **추억의 물건을 버린다고 자신의 인간성이 손상되는 건 아닙니다.**

매일 척척 버리고 있으면 가족이나 친구들에게 "너무 버리는 거 아냐?" "정말 과감하네. 나는 도저히 못 따라하겠어."라는 말을 듣습니다.

실제로 저도 같은 경험을 한 적이 있습니다. 그럴 때 이렇게 생각하면 어떨까요?

'주위 사람들은 물건을 버려 가벼워지려고 하는 나를 질투하며 스스로 쓸쓸하게 생각하고 있구나!'

의외로 이런 생각으로 극복할 수 있습니다!

3. 소중한 추억의 물건이라면 몇 년씩 상자 속에 내버려두지 않는다.

추억의 물건이 놓여 있는 곳은 거의 종이박스 속. 그리고 그 종이박스는 창고나 벽장 속에 넣어져 있지 않나요?

소중한 물건이라고 해놓고 참 비참한 신세입니다.

그렇다면 박스 속 내용물은 그리 소중한 것이 아닐 수도 있습니다. 소중한 것이라면 숫자를 엄선해 좀 더 접근하기 쉬운 곳에 두어야 합니다.

4. 추억은 물건이 아니라 마음속에 있다.

추억의 물건은 사람에게 옛날 일을 떠올리게 해주는 것. 기억나게 하는 계기가 되는 것입니다. 즉, 물건 그 자체가 추억을 가지고 있는 게 아니며 옛날 일은 전부 자신이 기억하고 있습니다.

그렇다면 **물건을 처분하고 추억을 불러일으키는 계기만을 남길 수 있겠네요.** 아무래도 잊고 싶지 않은 감정이나 기억이 있다면 그것을 문장으로 써놓거나 사진을 붙여 비망록을 만드는 것은 어떨까요? 종이박스 3상자 분량의 추억의 물건도 노트 한 권, 혹은 앨범 한 권에 담을 수 있습니다. 그 정도 크기라면 생각 날 때마다 늘 볼 수 있는 장소에 보관할 수도 있습니다.

5. 과거를 살기보다 지금을 산다.

추억의 물건은 과거의 상징입니다.

멋진 추억을 많이 가지고 있는 것은 훌륭한 일입니다. 하지만 아무리 과거를 회상해도 과거로 돌아갈 수는 없습니다.

혹시 현재의 생활에 그다지 만족하지 못해 과거만 생각하고 있는 거라면 그다지 건전하다고 할 수 없습니다.

우리는 지금이라는 시간, 그리고 지금보다 조금 앞에 있는 미래를 바라보며 살아갑니다. 이 시간을 충실히 생활하지 않으면 아무리 많은 추억을 가지고 있다고 해도 행복해질 수 없습니다.

지금이라는 시간은 두 번 다시 돌아오지 않습니다. 귀중한 「지금」, 과거만 생각하는 것은 안타까운 일입니다.

저도 딸이 어렸을 때 사진을 보고 '이때는 참 귀여웠네.' 하며 감회에 젖습니다. 그러나 사진 속의 딸이 아무리 귀엽더라도 현재 17살인 리얼한 딸의 존재감을 따라갈 순 없습니다.

물건을 가지
않는 생활을
바라는 사람이
당장 버려야만
하는 물건

　　　　　　　　일주일, 물건을 버려보니 어떠
셨습니까?

　이제부터는 일주일 계획에서 다루지 않았던 장소의 물
건을 버리는 방법을 일부 소개하겠습니다. 이것은 제가 물
건을 가지지 않는 생활을 목표로 했을 때 제일 먼저 버린
물건들입니다. 각자의 생활 스타일이 있기 때문에 모두에
게 맞지 않을 수도 있습니다. 하지만 버리는 물건을 고를 때
필요, 불필요의 판단기준 중 하나로 참고하시길 바랍니다.

1. 부엌

부엌에서 식기 다음으로 많은 물건은 키친 툴(도구)이 아닐까요? 저는 아래의 물건들을 처분했습니다.

· 푸드 프로세서

이전 빵이나 과자 만들기가 취미였을 때 매일 사용했습니다. 그러나 그 취미를 관두자 푸드 프로세서[식품을 잘게 다지고, 잘게 자르고, 퓌레할 수 있는 기계, 흔히 우리는 믹서로 사용한다.-옮긴이]는 자리만 차지하는 무겁고 거추장스러운 물건이 되었습니다. 편리하지만 식칼을 대신 사용할 수 있습니다.

· 샐러드 탈수기

샐러드용 채소의 물을 빼는 조리도구. 옛날에 가지고 있었는데 방해가 되어 버렸습니다. 매번 설거지를 해야 하고 장소도 차지하고 그렇게 매일 샐러드를 만드는 것도 아니기 때문입니다.

대신 지금은 접시 타월(마른 행주)에 채소를 담아 흔듭니다. 그걸로 충분합니다.

'비닐봉투에 채소와 키친 페이퍼를 함께 넣고 흔든다.'는 방법도 있다고 하는데 저는 키친 페이퍼를 사용하지 않기 때문에 시도해본 적이 없습니다.

• 단일 용도로만 사용하는 툴

세상에는 파스타메이커, 사과의 중심부분을 파내는 도구, 마늘다지기 등 하나의 용도로만 사용하는 조리기구가 있습니다.

파스타메이커는 파스타를 자주 만드는 사람에게는 유용한 도구겠죠. 그러나 주에 한 번도 사용하지 않는다면 아마도 버려야 하는 후보입니다.

2. 거실

• TV

미니멀리스트의 집에는 대부분 TV가 없습니다. 저희 집에는 있는데 저는 안 보는 편입니다. 요즘은 인터넷 동영상 서비스로 대부분의 프로그램을 볼 수 있기 때문에 TV는 필요 없는 물건입니다.

다만 컴퓨터 모니터는 가족이 다 모여 보기에는 어려울 수 있습니다. 저희 집 TV는 남편이 독점해 사용하고 있습니다. 딸은 자기 방에서 노트북으로 영화 같은 걸 보는 것 같습니다.

저는 미니멀리스트가 되기 전부터 TV를 잘 안 봤습니다. 원래 보고 있을 시간이 없었고 광고가 너무 싫었기 때문입니다.

TV를 안 보는 게 시간도 생기고 마음에도 여유가 생기는 것 같습니다.

• TV장식장, 엔터테인먼트 센터

엔터테인먼트 센터는 TV를 가운데 놓는 장식장이나 선반을 가리킵니다. TV만이 아니라 DVD플레이어, DVD, CD, 게임기 등을 이런 곳에 수납합니다.

이런 가구는 구획이 나누어져 있어서 사용하기 편리한 것처럼 여겨지지만 구획이 많다는 것은 그만큼 청소할 장소와 안에 넣어두는 물건이 늘어날 우려가 있다는 뜻입니다. 어떤 의미에서 무시무시한 가구죠.

혹시 꼭 TV가 있었으면 한다면 이런 장식장이 아니라 작은 캐비닛에 TV만 올려놓는 게 좋습니다.

• 램프 같은 부분 조명

조명은 천장에 하나면 충분합니다. 램프는 의외로 청소가 어렵고 인테리어 면에서 멋진 물건을 놓으려면 센스가 필요하기에 저는 일찌감치 포기하는 아이템으로 정했습니다.

• 카펫, 러그, 발판

저희 집은 카펫이 깔려 있습니다. 완전히 접착되어 있는 설치 스타일이기 때문에 떼어낼 수 없습니다. 이 카펫을 떼어내면 바닥이 벗겨지기 때문입니다.

그래서 어쩔 수 없이 청소기를 사용하는데 만약 카펫이 깔려 있지 않다면 청소기를 돌릴 필요가 없을 텐데…라는 생각을 합니다. 당연히 다다미에도 마룻바닥에도 그 위에 뭘 까는 것은 필요 없다고 생각합니다.

카펫이나 러그가 없으면 청소도구는 많아야 5가지. 「총채, 빗자루, 쓰레받기, 걸레(물걸레 청소기), 양동이」를 준비하면 끝입니다.

• 남아도는 시계

시계는 필요하지만 한 장소에 하나면 충분하지 않을까

요? 만약 거실에 작은 시계가 놓여 있다면 거는 시계는 필요 없겠죠.

저는 디지털 표시가 싫어서 아날로그시계를 애용하고 있습니다. 부엌 벽에 큰 시계가 하나, 또 하나는 무지의 소형 알람시계까지 2개입니다.

디지털 표시도 괜찮은 사람은 전자제품에 붙어 있으니 시계는 더 필요 없을 수도 있습니다.

· 다양한 장식품과 인테리어 잡화

장식품은 인형이나 액자, 꽃병, 양초, 방향제 등을 가리킵니다. 겨울이라면 크리스마스트리나 크리스마스 장식. 저는 작년에 장식품을 50개 정도 버렸습니다. 이토록 많이 가지고 있었다니 제가 한심할 정도입니다….

· 소파, 의자

저희 집에는 카우치(소파)가 2개나 있는데 모두 남편 겁니다. 서양인은 바닥에 직접 앉거나 눕는 데 엄청난 저항감이 있는 듯 소파나 침대를 버리는 미니멀리스트는 아주 소수인 것 같습니다.

그러나 우리 일본인은 바닥과 사이가 좋으니 괜찮지 않을까요.

- **코타츠**

친정에 있을 때는 코타츠|탁자 형태의 일본 전통 난방기구–옮긴이를 좋아했는데 코타츠만큼 사람을 게으르게 만드는 가구도 없다고 생각합니다.

그저 제가 게을러서 그런 것일 수도 있습니다. 일단 코타츠에 들어가면 나올 수가 없습니다. 코타츠에 들어가 꾸벅꾸벅 졸다가 정신을 차리면 아침이라는 실수를 한도 끝도 없이 반복하고 맙니다.

그리고 코타츠 주변에는 점점 물건이 모여듭니다.

책, 더워서 벗어놓은 카디건이나 양말 등. 코타츠의 잡동사니 흡입력은 장난이 아닙니다.

3. 욕실

10년 전부터 목욕타월을 사용하지 않자 아주 편해졌습니다. 목욕을 끝내면 반드시 목욕타월을 써야 한다고 생각하기 마련이었는데 이건 착각에 불과했습니다. **몸의 습기를 없**

애는 데 굳이 크고 두꺼운 타월은 필요 없었습니다.

그렇다고 해도 우리 집에서 목욕타월을 사용하지 않는 사람은 저 하나이고 남편과 딸은 사용합니다.

저는 목욕타월 대신에 세수수건으로 몸을 다 닦습니다.

목욕타월은 특히 부피를 많이 차지하기 때문에 버리면 (혹은 숫자를 줄이면) 욕실도 수납공간도 아주 넉넉해집니다. 게다가 일단 사용한 타월을 어디에 두면 좋을지에 대한 문제도 해결됩니다.(가정에 따라서는 사흘씩 사용하는 경우도 있죠.) 관리가 필요 없기 때문에 생활이 간편해졌습니다. 목욕타월을 사용하지 않아서 생기는 단점은 별로 없습니다. 꼭 한 번, 목욕타월을 사용하지 않는 생활을 시도해보세요.

4. 현관

현관은 집의 입구이자 출구입니다. 이곳을 막는다는 것은 사람으로 따지면 코와 입에 비닐테이프를 붙이는 것과 같습니다.

날마다 그 집에 사는 사람이 직장이나 학교 등 **새로운 하루, 새로운 세계로 나가는 장소가 현관**. 또, 바쁜 하루를 마치면 현관으로 돌아옵니다.

피곤에 절어 돌아왔을 때 현관이 지저분하면 마음이 편치 않습니다. 현관에 있는 필요 없는 물건을 버려 깨끗하게 하죠.

현관에 쌓여 있는 물건을 버리기 전에 문의 바깥쪽, 현관 외부를 체크하고 아래와 같은 것을 배제합니다.

- 낙엽이나 잔가지
- 있어선 안 되는 모래와 돌, 흙
- 시든 화초, 너무 많은 화초
- 쓰레기 수거일에 내놓는 쓰레기봉투(나쁜 기운을 뿜어내는 것이기 때문에 현관에 놓으면 안 됩니다.)

이런 물건이 있으면 우선 청소합니다. 이밖에 바닥에 떨어져 있으면 안 되는 물건이 있다면 버리세요.

많은 사람의 고민이라고 하면 현관에 구두가 너무 많다는 문제겠죠.

현관에 내놓는 구두를 한 사람당 한 켤레로 제한하는 룰을 정해보세요. 현관에 놓는 구두는 자신이 좋아하고 자주 신고 소중하게 여기는 것으로 합시다.

신발장 안에 있는 더 이상 신지 않는 구두, 접어 신은 구두, 신으면 발이 아픈 구두, 너무 더러운 구두, 너덜너덜한 구두, 손질을 하지 않고 방치한 구두는 모두 버려도 좋은 구두 후보입니다. **버릴 수 없다면 이번 기회에 제대로 수리하**세요.

저는 현관 매트는 필요 없다고 생각하는데 각자 취향이 있기 때문에 굳이 버리라고는 하지 않겠습니다. 하지만 **현관에는 현관에 놓아야만 하는 물건만 놓는다.** 이 점을 명심하면 상당히 깔끔해질 겁니다.

제4장

평생 리바운드 되지 않는 방법

물건이 늘어나는 이유를 알면
예방 대책도 세울 수 있다!

분명히
버렸는데
정신을 차려보면
물건이
늘어나 있다.

　　　　　"일주일 동안 필사적으로 물건을 버리고 일단은 아주 깨끗한 방이 되었는데 몇 개월이 지나자 또 주위가 어수선해졌다."

　　"일주일간 물건을 버렸는데 어쩐지 깨끗해진 느낌이 없다…"

　　과감하게 물건을 버린 후에도 정신없이 지내다보면 이전처럼 물건이 넘쳐나는 방이 될 가능성이 충분합니다.

　　저도 비슷한 경험을 했습니다. 이제까지 인생에서 네 번 대대적으로 물건을 버렸는데 그 중 세 번은 리바운드 되었습니다.

왜 되돌아 가버렸을까? 거기에는 두 가지 큰 원인이 있었습니다.

우선 **첫 번째는 쇼핑**입니다.

쓰디쓴 리바운드의 첫 경험은 20대에 했던 첫 버리는 프로젝트 때였습니다. 처음 대대적인 정리를 시작한 것은 직업이 없었던 때였습니다. 시간은 남아도는 반면 돈이 없었기 때문에 쓸데없는 물건을 사지도 않고 물건을 줄이는 데 집중했습니다.

그런데 다음 일을 찾아 돈이 들어오게 되자 상황은 급변. 또 쇼핑을 시작해 정리 이전보다 물건이 더 늘어났던 겁니다.

두 번째는 출산하고 몇 년 후의 일입니다. 캐나다에는 조그만 보스턴백 하나만 들고 '이번에야말로 심플 라이프를 실현하자!'는 결의로 유학을 왔는데, 정신을 차려보니 아이의 장난감과 옷, 제가 읽은 책이나 잡지가 잔뜩 쌓여 있었습니다.

이때는 인터넷 경매로 아이 옷을 사거나 이벤트나 싸구려 물건을 사들이는 데 한창 빠져 별로 도움도 되지 않는 샘플과 일용잡화를 짊어지게 되었습니다.

이런 경험에서 정리한 것이 리바운드 되어 버린 **최대 원인은 「다시 물건을 사들인 것」**이라고 단언할 수 있습니다.

당연한 일이지만 집 안에 물건만 들이지 않으면 물건은 늘어나지 않고 어수선해지지도 않습니다.

> **잡동사니는
> 모이는
> 힘이
> 강하다.**

제가 리바운드를 한 이유 중 하나는 **집에 물건을 들인 후 버리지 않고 그대로 두었기 때문입니다.**

사실 잡동사니는 다른 잡동사니를 끌어 모으는 성질이 있습니다.

아무것도 놓여 있지 않은 책상 위나 반짝반짝 빛나는 싱크대, 이런 깨끗한 장소에 달랑 하나만 뭔가가 놓여도 그 주위로 물건이 모여듭니다.

깨끗한 싱크대 속에 더러운 컵을 놓은 채 방치하면 누군가가 컵 안에 스푼이나 젓가락을 넣습니다. 제 남편은 컵 위에 나이프를 잘 놓습니다.

몇 시간이 지나면 식기는 점점 늘어나 다른 접시를 하나 더한다고 해도 전혀 위화감이 없습니다. 어느새 **더러운 식기로 가득 찬 싱크대가 늘 있는 풍경처럼 되어버리는 것입니다.**

그러므로 작은 것을 놓치지 마세요. 집 안의 어떤 장소라도 물건이 놓여 있으면 얼마 되지 않았을 때 바로 치우는 게 중요합니다.

물건을 대량으로 버리고 방을 다시 정리해도 거기서 생활을 정지하는 게 아닙니다. 죽을 때까지 항상 생활에 필요한 물건을 사고 계속 소비하기 때문에 반드시 생활의 쓰레기가 나옵니다.

물건이 필요 이상 들어와버리면 쌓이기 전에 적절하게 버려야 합니다.

잡동사니는 작은 덩어리일 때 빨리 치워야만 방을 깨끗하게 유지할 수 있습니다.

물건을 사는 일도, 필요 없는 물건을 꾸준히 버리는 일도 모두 생활습관입니다. 리바운드가 되지 않기 위해서는 오랫동안 익숙해진 잡동사니를 쌓는 습관을 버리고 「깨끗함」을 유지하는 습관을 익히면 됩니다.

그 습관의 첫 걸음이 「상당히 의식적으로 하지 않으면 물건은 멋대로 늘어나버린다」고 인식하는 것입니다.

무엇을 위해
쇼핑을
하나?

「사지 않는 생활」을 하는 것은 가지지 않는 생활의 기본 중의 기본입니다.

집 안의 잡동사니를 80퍼센트나 버린 후에 이상적인 삶을 실현하기 위해 마음에 든 가구나 잡화를 엄선해 사는 일은 괜찮다고 생각합니다. 다만 앞뒤를 재지 않고 쇼핑을 해 이전의 지저분한 방이 되지 않도록 조심해야 합니다.

어렸을 때부터 대량 생산, 대량 소비사회에 살고 있는 우리는 물건을 사는 게 당연한 일이라고 생각합니다.

특히 저처럼 20대에 거품을 경험한 세대는 물건을 소유하는 것 자체에서 가치를 찾곤 했습니다. 급료나 임시 수입이 들어올 때마다 아주 자연스럽게 자동적으로 새로운 옷이나 새로운 잡화 등을 샀습니다.

TV, 신문, 잡지, 인터넷 같은 미디어는 신제품과 새로운 서비스를 항상 알려주고 있습니다. 기간 한정 상품이니까, 지금 시즌의 머스트(must) 아이템이므로 등 「꼭 사야 하는 이유」를 속속 제시합니다.

하지만 그게 **우리가 그 물건을 꼭 사야만 하는 이유**는 아닙니다.

많은 사람은 다른 사람이 가지고 있는 물건을 가지고 싶어 합니다. 쇼핑사이트 상위에 있는 상품이 잘 팔리는 것도 그 때문입니다.

일단 사지 않겠다고 결심하면 다른 사람의 쇼핑에 흔들리지 않게 됩니다. 친구나 좋아하는 연예인이 샀다고 해도 나까지 살 필요는 없습니다.

사람은 저마다 다르고 유일한 존재입니다.

다른 사람을 흉내 내지 않는 편이 틀림없이 자기 나름의 생활을 실현하는 데 가까워질 겁니다. 자신의 중심이 흔들리지 않도록 소지품을 선택하지 않으시겠습니까?

왜 그게 가지고 싶은지, 그 진짜 이유를 나름대로 생각하고 납득한 후에 쇼핑을 하면 실패할 위험이 줄어듭니다.

사람은 상품 그 자체가 가지고 싶다기보다는 그 상품을 사용한 후에 얻는 삶을 얻고 싶어 쇼핑을 합니다.

광고를 보면 자신의 잠재적인 욕망과 허영, 지금 생활에 대한 불만 때문에 생활을 윤택하게 해줄 것 같은 것을 사게 됩니다. 사실 현실에서 그 물건이 필요하지 않아도….

우리는 지금 정말 자신에게 필요한지, 분명히 판단해야 할 시기에 와 있다고 생각합니다.

◉ 쇼핑에 숨은 보이지 않는 비용이란?

쇼핑을 줄이기 위해서는 물건을 사서 생기는 보이지 않는 비용을 생각하는 게 효과적입니다. 물건을 사는 일은 물건 값을 치루는 것만으로 끝나지 않습니다.

일단 물건을 소유하면 그 후에는 관리해야만 하기 때문에 한정된 자신의 리소스(시간, 돈, 정신적·육체적 힘)를 사용하게 됩니다.

일테면 이런 경우가 있습니다. 100엔 균일 숍에서 2단 레인지 쟁반을 샀습니다. 이 쟁반은 다리(스탠드)가 두 개 붙어 있습니다.

쟁반의 위아래에 접시를 놓을 수 있기 때문에 전자레인지로 한 번에 두 가지 요리를 조리할 수 있는 편리한 상품입니다. 밥과 반찬을 동시에 데울 수 있습니다.

그러나 이 쟁반이 있는 바람에 늘 「한 번에 함께 데우지 않으면 손해」라는 발상이 생겨 억지로 한 번에 두 가지를 데우려고 「노력」하게 되고 맙니다.

가열시간을 바꾸지 않고 잘 데우는 게 어렵기 때문에 사실은 두 번 손이 갑니다.

얼핏 편리하게 보이는 제품이라도 사용해보면 쓸데없는 생각을 더 하게 됩니다.

결과적으로 점점 사용이 불편해져 쟁반을 사용하지 않게 되어 버리죠….

그렇지만, 바로 버리는 것은 아깝다고 생각하는 사람이 많을 겁니다. 한 번 사면 달랑 100엔짜리라고 해도 집착해 어떻게 해서든 활용해야 하지 않을까 하고 노력하게 됩니다.

◉ 불필요한 용품의 리메이크나 2차적인 이용은 불가능하다.

2단 쟁반을 어떻게 사용해야 할까 하면 곧 떠오르는 것은 식기의 수납용품으로 사용하는 것 정도일까요. 찬장에 이 쟁반을 넣고 위와 아래에 접시를 올려놓거나 쌓으면 찬장의 수납능력은 2배가 됩니다. 실제로 비슷한 스탠드가 시판되고 있습니다.

하지만 일단 찬장에 넣으려고 하면 찬장의 깊이와 폭, 가지고 있는 접시의 크기와 잘 맞지 않아 수납에 적절하게 사용하는 데는 아주 고생합니다.

만약 사이즈가 딱 맞는다고 해도 이번에는 식기가 늘어나버리죠. 찬장의 수납능력을 높이면 공간이 생깁니다. **사**

람은 비어 있는 장소에는 뭔가를 수납하고 싶어 합니다. 그 결과 식기의 양이 늘어납니다.

게다가 이 쟁반은 플라스틱이기 때문에 쓰레기 처리에 비용이 듭니다. 쓰레기처리장에서 소각하면 다이옥신 같은 유해 가스가 나올 가능성도 있습니다.

이렇게 생각하면 얼핏 싸고 편리해 보이는 100엔 숍의 상품도 **구입한 사람의 노력과 시간이라는 리소스를 빼앗고 환경에도 부담을 주는** 「비싼 상품」인 겁니다.

식료품 이외에는 사지 않는 「30일 챌린지」

갑자기 물건을 전혀 사지 않는 생활은 좀처럼 상상할 수 없는데, 우선은 물건을 많이 사들이는 생활습관을 고치기 위해 한 달만 식료품 이외의 물건을 사지 않는 도전을 해보는 것도 좋은 방법입니다.

미니멀리스트 중에는 일 년간 식품 이외에 아무 것도 사지 않는 도전을 하는 사람이 적지 않습니다. 저도 가능한 물건을 사지 않는 도전을 벌써 몇 년째 계속하며 물건이 줄어드는 효과를 느끼고 있습니다.

일 년이나 하는 것은 어려우니까 우선은 **한 달만 식품 이**

외의 물건을 사지 않는 룰을 자신에게 부과하는 「30일 챌린지」를 해보지 않으시겠습니까. 혹은,

한 달만, 편의점이나 100엔 균일 숍에 가는 것을 그만둔다.
한 달만, 온라인 쇼핑을 그만둔다.
한 달만, 옷을 사지 않도록 한다.

이런 스스로의 룰을 만드는 것도 추천합니다.

자신이 특별히 지나치게 가지고 있는 물건, 물건을 많이 사는 장소, 자주 사용하는 쇼핑 수단을 일부러 그만두는 겁니다. 그러면 **특별히 필요해서 사는 게 아니라 단순히 습관적으로 사고 있다는 것**을 알게 됩니다.

◉ 쇼핑을 멈출 수 없는 사람을 위한 처방전

그래도 쇼핑을 멈출 수 없는 사람을 위해 조금이라도 쇼핑을 그만둘 수 있는 방법을 알려드리겠습니다. 모두 제가 실천해 효과를 봤던 방법입니다.

아무리 물건을 버려도 여전히 집에 물건을 계속 들여놓고 있다면 아무리 시간이 흘러도 물건의 절대적인 양은 줄어들지 않습니다. 그래서 버리는 일이 궤도에 오르면 이번에는 사지 않는 시스템을 조금씩 만들어 가는 겁니다.

1. 쇼핑을 기록한다.

한 달 동안 무엇을 샀는지 노트에 적어봅니다. 전부 다 쓰는 것이 힘들다면 특히 줄이고 싶은 물건만 숫자로 적어 추적해보세요.

저는 옛날부터 가계부는 쓰지 않지만 신용카드로 무엇을 썼는지는 기록하고 있습니다.

옷, 잡화, 문방구, 책 등…. **돈이 없다고 하면서도 바로 필요도 없는 데 낭비하고 있다는 것을 깨달았습니다.**

지금은 식비를 포함한 지출을 기록하고 있습니다. 한 달만 기록하고 셈해 보는 것만으로도 놀랄 만큼 쇼핑이 줍니다.

2. 바로 사지 않는다.

무슨 일에든 타이밍이 중요합니다. 타이밍을 놓치면 다

양한 물건의 매력이 사라지기 때문에 **일부러 타이밍을 놓치도록 합니다.**

그러니까 바로 사지 말고 한 달쯤 기다리는 겁니다.

저는 이전에 사고 싶은 게 있으면 일단 노트에 적어 놓고 30일은 사지 않고 기다립니다. 한 달 정도 기다리면 '왜 그런 게 갖고 싶었지?'나 '역시 필요 없네.' 같은 생각을 하게 됩니다.

3. 쇼핑시간을 줄인다.

말할 필요도 없이 시간은 한정되어 있습니다. 귀중한 시간을 얼마나 쇼핑에 사용하고 있는지를 의식적으로 생각하는 것도 쇼핑을 줄이는 비결입니다.

시간을 의식적으로 생각하기 위해서는 ① 1개월 단위로, ② 1일 단위로, ③ 평생 단위로 쇼핑에 사용하는 시간을 계산해보세요.

틀림없이 **시간에 대한 생각이 바뀔** 겁니다.

이런 생각을 하면서 실행하는 것은 아주 귀찮습니다. 그러나 한 번 곰곰이 생각해보는 것은 의식적인 쇼핑을 하는 데 큰 도움이 됩니다.

쇼핑을 할 때마다 기록도 하고 이유도 분석하는 게 귀찮으니까 그것이 싫어서 쇼핑을 줄이는 효과도 있습니다.

「원 인, 원 아웃」의 사고방식

　　　　　　우리는 생각보다 많이 무료 상
품을 받고 있습니다. 특히 일본에서는 전통적으로 판촉을
위해 덤이나 경품을 주는 경우가 많기 때문에 필요 없는 물
건이 늘어납니다.

　일본에 귀국하면 「일본은 덤의 천국」이라는 것을 뼈저
리게 느낍니다.

　길을 걸으면 티슈를 나눠줍니다(최근에는 불황이라 티
슈는 주지 않는 것 같지만). 서점에서 책을 사면 커버를 씌
워주고 가게에서 물건을 사면 포인트 카드를 줍니다.

이런 물건은 모두 물건을 줄이고 싶어 하는 우리에게는 다 필요 없는 물건입니다. 쌓아두기 시작하면 점점 또 받게 됩니다.

- 스스로는 절대로 먼저 받지 않는다.
- 불가항력적으로 받았다 하더라도 집 안에 들이지 말 것.
- 거절할 것

이 룰을 명심하세요. 하나하나는 적어도 전단지 등의 종이쓰레기는 순식간에 쌓입니다. 집 안에 이런 물건을 들이지 않는 것이 정리한 집을 유지하는 데 아주 중요합니다.

정리의 세계에서 자주 사용되는 「원 인, 원 아웃」의 룰이 있습니다. **「하나를 집에 들이면 다른 하나를 집 밖으로 내보낸다.」**는 룰입니다.

이 룰을 제대로만 지키면 집 안 물건의 절대적인 양은 변하지 않기 때문에 깨끗하게 정리한 집을 유지할 수 있습니다.

뭔가를 집 안에 들였다면 같은 종류의 물건을 밖으로 보내세요. 새 구두를 하나 샀으면 낡은 구두를 하나 처분하는 식으로요.

같은 종류라면 빈 공간도 그다지 변하지 않을 겁니다.

만약 같은 것을 발견하지 못하면 다른 것을 두 개 버려보세요.

좀 더 버리는 물건의 수를 늘리는 것도 좋지만(저는 하나를 들이고 50개를 버린 적도 있습니다.) 버리는 물건을 세는 작업이 상당히 어렵기 때문에 세 개 정도로 끝내는 것이 좋습니다.

「원 인, 원 아웃」은 쇼핑에 의식적이 된다는 점에서도 추천하는 룰입니다.

> **사면
> 48시간
> 이내에
> 사용한다.**

　　　　　　　　사지 않는 생활을 한다고 해도
생활에 필요한 물건을 사게 되죠.

　다만 앞으로 쇼핑할 때는 필요하면 반드시 곧 사용하도
록 하세요. 즉, 사용하는 장면이 확실하게 떠오를 때 사는
겁니다.

　물건이 늘어나는 원인은 집에 아직 사용할 수 있는 물건
이 있는데 가게에서 우연히 본 「새로운 것」을 쉽게 구입해
서입니다. 그래서 저는 사기 전에 나는 이 상품을 「언제, 어
떤 상황에서 사용할까」를 **이미지로 떠올린 후 사는 습관**을 가

지기로 했습니다.

옷이라면 '내일 회사에 입고 가야지. 일이 끝난 후 회식이 있으니까.' 혹은 '다음 주 수요일에 떠나는 여행에서 입자.' 처럼 사용하는 목적을 분명히 합니다.

사용하는 상황을 떠올리면 불가사의하게도 '그런데 집에 비슷한 옷이 있는데.' '어쩌면 사용하지 않을지도 몰라.' 같은 생각이 떠오릅니다. **충동적인 쇼핑이라는 행동에 브레이크를 걸 수 있습니다.**

쇼핑을 하면 집에 돌아오자마자 쇼핑봉투에서 꺼내 비닐주머니나 상자에 넣습니다. 옷이라면 태그, 라벨 등을 다 떼어내고 벽장이나 옷장에 걸어 바로 입을 수 있는 스탠바이 상태로 둡니다.

「바로 사용한다.」의 「바로」는 산 물건과 상황에 따라 다르지만 저는 **48시간 이내를 추천**합니다. 내일은 아니라도 모레에는 사용한다는 말입니다.

책은 바로 읽기 시작하고 CD나 DVD는 바로 보기 시작합니다. 문방구도 바로 쓰기 시작합니다.

아무래도 바로 사용할 수 없는 사정이 있다면 먼저 얘기했던 대로 언제 사용할지 계획을 세우고 수첩에 기록했다가 그 날이 오면 반드시 사용합니다.

식료품이라면 오늘이나 내일 중에 사용하는 것이 이상적이지만 일하는 사람은 그러기 쉽지 않죠.

만약 한꺼번에 사서 저장했다 쓰려고 장을 봤다면 바로 손질을 해서 냉동고에 넣습니다(다만 물건을 잘 쌓아놓는 사람은 아마도 냉동고도 꽉 차 있을 테니까 너무 많아지지 않도록 주의하세요).

식품을 살 때는 사용하는 장면만이 아니라 재고 상황도 떠올리세요.

다른 사람에게 받은 선물이나 결혼식 답례품은 이미 밖으로 보내기로 한 것(예를 들어 다른 사람에게 선물을 한다거나)이 아니면 **바로 열어 내용물을 확인**하세요. 내용물을 확인하고 자신이 쓰기로 결정하면 바로 사용하는 겁니다.

내용물을 보고 자신이 쓸 게 아니면 어떻게 하지? 라는 질문이 바로 떠오를 겁니다.

누군가에게 줄까? 기부센터에 보낼까? 준다면 언제 줄까? 이런 결정을 뒤로 돌리지 말고 가능한 한 바로 합니다.

그리고 그를 위한 행동을 바로 시작하세요.

여동생에게 줘야겠다고 생각했으면 바로 동생에게 전화를 합니다. 기부하기로 했으면 기부 물건을 모으는 박스에 넣어둡니다. **일단 바로 행동**해야 합니다.

> 쓰레기는
> 왠지
> 친구 쓰레기를
> 불러들인다.

　　　　　　　잡동사니는 잡동사니를 끌어
모으고, 쓰레기는 쓰레기를 불러들입니다.

　제 정리가 리바운드 된 이유에 썼듯이 잡동사니 세계에
는 서로를 잡아당기는 강력한 법칙이 작동하고 있습니다.

　거짓말이라는 생각이 들면 식탁이나 책상 위에 빈 페트
병을 올려놓아 보세요. 48시간 동안에 틀림없이 다른 페트
병이나 쓰레기 같은 것이 처음 놓인 페트병 주변에 놓여 있
을 겁니다.

　이것은 가족의 수와는 관계가 없습니다. 쓰레기는 왠지 친구

쓰레기를 불러들입니다. 그러므로 잡동사니가 다른 잡동사니를 불러 모으기 전에 가능한 빨리 치워야 합니다.

「꺼냈으면 집어넣는다, 사용했으면 정리한다.」

마법의 주문처럼 중얼거리세요.

◉ 행위는 「완료」시켜야 의미가 있다.

정리하고 버리는 것에 그치지 않고 저마다의 행동을 완료시키는 것은 사실 매우 중요한 일입니다. 일도 마찬가지 아닐까요?

물건을 사용해 무슨 일을 했다면 반드시 「정리」한다는, 행위의 마지막까지 완료시키는 습관을 기르세요.

선반이나 벽장의 문을 열고 뭔가를 꺼내 사용하면 그 뒤에는 원래 자리에 돌려놓고 완전히 문을 닫아야 비로소 그 행위가 완료됩니다.

물건을 꺼냈다면 제자리에 돌려놓을 때까지 그 행위는 완료되지 않은 것입니다.

빨래도 세탁기를 돌리고 말리고 걷어서 개어 서랍장이나 옷장에 넣어야 그제야 빨래라는 가사가 끝납니다.

나중에 하겠다고 집 한편에 빨래를 쌓아놓으면 잡동사니의 집합 법칙이 작용해 다음 날, 그 다음 날, 빨래가 계속 늘어납니다. 싱크대에 더러운 접시가 쌓이는 것도 똑같은 이치입니다.

이런 집안일은 쌓아두면 쌓아둘수록 정리하는 게 힘들다는 것은 여러분도 다 아실 겁니다. 게다가 날마다 빨래와 설거지감이 쌓여 있는 것을 보는 일은 상당한 스트레스입니다. 강한 의지로 반드시 그 날 중에 정리하는 것을 철저하게 실행하세요.

당연한 말이지만 하다가 내버려두거나 꺼내놓거나 그냥 바닥에 두는 일을 최대한 막는 것이 방을 깨끗하게 유지하는 가장 효과적인 방법입니다.

그를 위해 반드시 물건을 두는 장소를 확보하는 데 의식을 집중하세요.

이상적인 보관 장소는, 당연하지만, 보관하기 쉽고 꺼내기 쉬운 장소입니다. 그 물건을 사용하는 장소에서 가족 누구나 쉽게 접근할 수 있는 장소를 선택하세요.

> 하루
> 15분간
> 버리는 습관을
> 기른다.

일주일간 버렸다고 해도 **매일 15분 동안은 필요 없는 물건을 버리는 시간**으로 두면 좋습니다. 이 15분 동안에 나도 모르게 놓아두었던 물건이나 가족이 어질러 놓은 물건들을 주워 정리합니다.

언제 정리할지는 각자의 라이프스타일에 맞춰 정하면 되는데 무엇보다 규칙적으로 정리하는 게 중요합니다. 매일 리셋을 습관화합니다.

◎ 「표면」은 잡동사니 퇴치의 프런트라인

밤에 잠들기 전에 방에 나와 있는 물건을 제자리에 놓고
집에 있으면 안 될 물건은 버립니다.

제 경험으로 얘기하자면, **자기 전의 정리는 방을 깨끗하게
유지하는 데 상당히 효과적입니다.** 아침에 눈을 뜨고 제일 먼
저 보게 되는 광경이 완전히 정리되어 있으면 매우 기분이
좋기 때문에 의욕이 지속되기 때문입니다.

특히 신경을 써야 하는 장소가 **각 방의 「표면」입니다. 이곳
은 끌어당기는 법칙의 자장**이라고 불리는 장소입니다. 표면
이란 마루 위, 책상 위, 테이블 위, 코타츠 위, 책장 위, 선반
위, 소파 위 등을 말합니다. 이런 「표면」은 물건을 두기 위
한 장소가 아닙니다.

방의 표면에 물건이 여기저기 나와 있다면 물건이 들어
가 있어야만 하는 장소인 책상 서랍이나 옷장 속, 서랍장이
나 옷장 속의 잡동사니 밀도가 높아져 있다고 생각할 수 있
습니다.

방 안의 각 표면은 잡동사니 퇴치의 프런트라인(최전선)입니

다. 침입이 시작되면 집 전체가 바로 어질러지기 때문에 늘 이곳을 깨끗하게 하는 데 주의를 기울여야 합니다.

아무리 바쁜 사람이라도 하루 15분 정도의 시간은 낼 수 있겠죠.

하루 15분의 시간도 낼 수 없는 경우는 애당초 계획에 너무 많은 일을 넣고 있을 가능성이 높습니다. 우선은 쓸데없는 일을 버리는 것부터 생각해도 좋을 겁니다.

돌발적인 일이나 사건으로 15분간 리셋을 할 수 없을 때를 위해 이중으로 잡동사니를 쌓지 않는 대책을 강구하죠. 날마다의 리셋만이 아니라, 예를 들면,

- 쓰레기 수거일 전날 밤에 집중적으로 쓰레기를 버리는 준비를 한다.
- 생일이나 크리스마스 등 선물이 모이는 이벤트 전에 아이의 장난감을 정리한다.

등입니다. 장보는 날이 정해져 있다면 전날 냉장고 속 음식이나 식품창고에 있는 것을 다 먹어버립니다.

월급날을 「쇼핑하는 날」이 아니라 「잡동사니 체크하는 날」로 삼는 것도 추천합니다.

이처럼 미리 룰을 정해 놓으면 쇼핑 방지와 잡동사니 리셋이라는 더블 효과를 볼 수 있습니다.

「더 버릴 수 없다!」고 생각할 때가 진짜 시작.

　　　　　'아무리 생각해도 더 버릴 게 없다. 하지만 방 안은 아직도 어수선하다.'

　그럴 때는 시점을 바꿔보세요.

　물건이 거기에 있으면 그런 풍경에 완전히 익숙해집니다. 사실은 잡동사니인데 소유자의 눈에는 그렇게 보이지 않는 경우가 많습니다.

　평소 자기의 시점을 버리고 다른 시점을 가짐으로써 새로운 잡동사니를 발견할 수 있습니다. 방법은 7가지가 있습니다.

1. 방의 사진을 찍거나 동영상으로 촬영해본다.

사람이 물건을 보고 있을 때 뇌는 정보를 취사선택하기 때문에 보고 있으면서도 보지 못하는 물건이 많습니다. 사진을 찍으면 방의 일부분을 따로 볼 수 있기 때문에 보는 방법이 달라져 얼마나 어수선한지 금방 알 수 있습니다.

동영상도 마찬가지입니다. 일테면, 스카이프를 하고 있는데 상대방의 뒤에 생활이 느껴지는 물건이 비치면 이상하게 신경에 거슬리지 않나요?

저도 열심히 물건을 버릴 때는 종종 방의 모습을 디지털 카메라로 찍었습니다. 옛날 방의 모습을 보면 '우와! 물건이 너무 많아!' 하고 놀랍니다.

2. 물리적으로 시점을 바꾼다.

평소와는 다른 자세를 취하고 새삼스레 방을 둘러보세요.

일테면 네 발로 기면서 방을 점검합니다. 그러면 침대 밑이나 소파 밑에 쑤셔 박아놓은 것을 발견하게 됩니다.

의자에 올라가 높은 곳을 보면 옷장 위에 먼지를 뒤집어쓰고 있는 「무언가」를 발견합니다.

3. 철저하게 청소기를 돌려본다.

평소보다 열심히 청소기를 돌려봅니다. 마루 위를 샅샅이 청소기를 돌려보세요. 평소 청소기를 돌리지 않는 가구 밑이나 침대 밑, 가구와 벽 사이도 주의 깊게 청소기의 노즐을 넣습니다.

그러면 '아아, 이거 굉장히 거추장스럽네.'라는 것과 조우하게 될 겁니다.

그것은 잡동사니일 가능성이 높습니다. 비로 쓸거나 걸레로 닦아도 마찬가지 효과가 있습니다.

4. 시험 삼아 치워본다.

방에 놓여 있는 것을 시험 삼아 치워보세요. 일테면 러그나 왜건, 수납케이스 등 쉽게 옮길 수 있는 것을 추천합니다.

그런 것을 치워보면 풍경이 다르게 보입니다. '어머? 러그가 없는 편이 훨씬 깔끔하게 보이네.' 만약 그런 생각이 든다면 그 러그는 필요가 없는 물건일 가능성이 높습니다.

여유가 있으면 조금 물건의 위치를 바꿔보는 것도 좋죠. 하지만 너무 지나치면 큰일이 되니까 부디 방의 일부분만 해보세요.

5. 가족이나 친구들에게 지적하게 한다.

사람은 모두 자신의 물건을 소중하게 생각하지만 다른 사람의 물건은 그렇지 않습니다. 그러므로 신뢰할 수 있는 가족이나 친구들을 불러 잡동사니를 지적하게 합니다.

"어쩐지 이 방이 어질러진 것 같은 느낌이 들어. 어떻게 생각해? 필요 없는 물건이 있는 것 같아?" 하고 물어보세요. 필요하지 않은 물건을 무척 많이 가르쳐줄 겁니다.

6. 일주일 이상 집을 떠난다.

매일 보는 물건도 완전히 익숙해지지만, **잘 알고 있다고 생각했던 물건도 조금만 안 보면 잊고 맙니다.**

그래서 일주일 이상 집(혹은 자기 방)을 떠나봅니다.

여행을 떠나도 좋고 다른 친구 집에 머물러도 좋습니다. 해외처럼 평소와는 환경이 완전히 다른 곳에 가는 게 좋지만 국내라도 상관없습니다.

핵심은 내 방을 한동안 보지 않는 것입니다.

오랜만에 방에 돌아오면 매우 신선하고 새로운 시점에서 자신의 소지품을 볼 수 있습니다. 불가사의하게도 버리고 싶은 물건을 수없이 발견할 겁니다.

7. 버리는 게 아니라 선택해본다.

필요 없는 물건을 버리는 일은 남길 물건을 선택하는 일이기도 합니다. 늘 버릴 물건만 찾고 있다면 반대로 남길 물건을 골라보세요.

티셔츠가 10장 있다면 '이 중에서 2장만 남기려고 하면 어떻게 하지?' 하고 자신에게 묻는 겁니다. 2장을 선택하면 선택되지 않은 8장을 버립니다.

버리는 게
힘들어지면….

쓰레기는 물론 이미 입지 않는 옷, 더 이상 읽지 않는 책, 사용하지 않는 식기, 존재를 잊어버린 잡화, 벽장에 몇 년째 처박혀 있는 옛날 교과서와 교재, 사실 이런 물건을 버리는 일은 그리 어렵지 않습니다.

버리면 버릴수록 방이 깨끗해져 기분이 상쾌하고 청소도 편해집니다. 정리하다가 가방에서 돈이라도 나오면 버리는 일이 아주 좋아지죠.

하지만 **쓰레기봉투로 50~60개쯤 버리고 나면 점점 버리지 못하게 됩니다.** 「버리기 피로」가 시작되는 거지요.

처음에는 아주 시원시원하게 척척 버릴 수 있었는데 점점 버리는 일이 힘들어진다, 이것이 버리기 피로의 증상입니다. 버리기 피로는 다음과 같은 이유로 시작됩니다.

- 단순히 버리는 데 질렸다.
- 애당초 물건의 양이 너무 많아 버리고 또 버렸는데도 여전히 물건이 많다.
- 버리고 있는데 한편으로 계속 사들여 여전히 정리가 되지 않는다.
- 가족의 물건을 버렸다가 큰 싸움이 벌어졌다.
- '버린다, 버리지 않는다.'는 판단을 매일 하다 보니 피곤하다.
- 추억의 물건만 계속 나와 아무래도 버리고 싶지 않아 괴롭다.
- 버리면 좋은 일이 생길 거라 생각했는데 그다지 좋은 일이 없다.
- 남은 것은 다 소중한 거라 더 이상 버릴 게 없다고 생각한다.

특별히 물건에 집착하는 타입이라 「울면서 버린다.」는 사람도 있습니다.

행복해지기 위해 버리는데 왠지 더 괴로워진 것 같죠.

이럴 때는 육체적으로 피로할 때가 많으니 억지로 버리지 말고 하루에 한 개씩 버리는 걸로 합니다. 그리고 「버리기」에 지나치게 기대하지 않는 것이 중요합니다.

저는 버리면 확실히 인생이 변화한다는 것을 실감하고 있지만 갑자기 장밋빛 인생이 펼쳐지는 것은 아닙니다. 버리면서 자신을 다시 보게 되는, 그런 버리는 과정이야말로 의미가 있습니다.

여러분도 우선은 버리는 과정을 즐겨보시길 바랍니다.

○ 힘들 때는 싱크대를 닦는다.

버리는 일에 지치고 집 안이 엉망이 되었다고 하더라도 부엌의 싱크대만 깨끗하다면 희망은 있습니다. 현재의 상황에서 빠져나와 80퍼센트를 버리던 당시의 집으로 돌아갈 가능성이 숨어 있습니다.

힘들 때는 우선 싱크대를 닦아 반짝반짝 빛나게 하세요. 그리고 그 반짝임을 계속 유지합니다. 싱크대를 깨끗하게 할 수 있다면 그것은 작은 성공 경험입니다. 아무리 작은 성공이라도 나는 정리를 할 수 있다는 자신감의 원천이 됩니다.

방을 청소할 기분이 나지 않으면 거실을 청소하기에 앞서 싱크대를 깨끗하게 합니다. 그러려면 우선은 싱크대를 철저하게 닦을 필요가 있죠. 그리고 물로 깨끗하게 헹구고 행주로 물기를 닦아냅니다.

저도 싱크대를 청소하고 반짝반짝하게 만든 경험이 있습니다. 당시 살고 있던 집의 싱크대는 광택을 없앤 스테인리스였기 때문에 그다지 반짝반짝하게 되진 않았지만….

물을 쓸 때마다 물기를 닦는 일은 아주 귀찮지만 하다 보면 습관이 됩니다.

생활연구가인 아베 아야코 씨도 '싱크대를 습기와 물때로부터 지키는 포인트는 사용 후 물기를 남기지 않고 닦는 것'이라고 적고 있으니 이런 청소는 타당한 이유가 있다고 생각합니다.

집 안이 아무리 어수선하더라도 우선은 싱크대를 깨끗하게 하고 그것을 유지한다. 그러면 불가사의하게도 다른 장소도 조금씩 깨끗해지는 것 같습니다. 특히 싱크대처럼 반짝거려야 하는 곳을 반짝반짝하게 만드는 것은 아주 기분이 좋습니다. 인간의 심리는 일단 깨끗하게 해둔 곳은 계속 깨끗하게 유지하고 싶어 합니다.

집 안의 어딘가가 어질러지면 다른 곳까지 어질러진다는 끌어당기는 법칙을 소개했지만 그 반대의 일도 일어납니다.

싱크대가 깨끗하면 가스레인지나 카운터의 더러움도 묘하게 신경에 걸립니다.

적어도 저는 그렇게 변해갔습니다.

제5장

미니멀리스트로
사는 지혜

어떤 시대라도
「작은 생활」로 이겨낼 수 있다!

> 일본에
> 살면
> 물건 줄이기가
> 어렵다.

일본에서 이토록 미니멀리스트가 주목을 받는 것은 역시 많은 사람들이 많은 소지품에 진저리를 내고 있기 때문이겠죠. 미국의 미니멀리즘과 비교하면 일본은 「물건을 줄인다.」에 초점을 맞추고 있습니다.

일본인은 자잘한 물건을 많이 지니고 있습니다. 그 이유 중 하나는 방대한 양의 쇼핑을 하기 때문이죠. 역시 일본에는 매력적인 상품이 많고 미국이나 캐나다에 비해 쇼핑이 아주 편리합니다.

일본에는 온갖 소비자의 요구에 대응한 편리한 상품이 수없이 많습니다. 게다가 가게에는 상품이 아주 아름답게 진열되어 있고 점원은 서비스 정신이 투철합니다.

온라인 숍도 마찬가지입니다. 특히 일본의 아마존 서비스는 정말 놀랍습니다. 대다수가 무료 배송이고, 프라임 회원이 되면 도쿄 도내는 당일 배송이고 동영상과 음악도 무료로 즐길 수 있습니다.

서비스가 좋은 것은 아마존만이 아닙니다. 라쿠텐(楽天, 인터넷 쇼핑회사―옮긴이)도 야후옥션도 마찬가지입니다. 주문한 그 날에 상품이 발송되는 것이 드문 일이 아닙니다.

일본에 있으면 이런 서비스는 당연한 거라고 생각할지 모르지만 주문한 상품이 그렇게 빨리 도착하는 것은 세계적으로 이례적인 일입니다.

제가 살고 있는 캐나다에서는 아마존에 특급으로 주문해도 사나흘이 걸리는 것을 각오해야 합니다. 사는 곳에 따라 다르지만 땅이 넓기 때문에 배송될 때까지 일주일이나 걸리는 곳도 있습니다.

백화점에도 그리 많은 상품이 진열되어 있지 않고 점원도 친절한 편이 아닙니다.

일본에는 매력적인 상품이 많고 쇼핑이라는 행위 자체가 아주 편리합니다. 그렇기에 일본에 사는 한 **물건을 갖지 않는다는 확고한 의사가 필요**하고, **버린다는 결단**이 더욱 중요합니다.

미국의 미니멀 리스트들

　　「미니멀리스트」가 일본에서 주목을 받은 것은 최근 몇 년 사이지만 미국에서는 훨씬 전부터 붐이 되어 저도 수많은 미니멀리스트의 블로그를 읽었습니다.

　　미니멀리스트의 선구자인 레오 바바우타(Leo Babauta)의 블로그를 읽고 「미니멀리즘」이라는 단어를 알았습니다.

　　그는 전에 괌에 살았고(지금은 샌프란시스코에 주재), 지금보다 30킬로그램이나 살이 쪘고 흡연자에 정크 푸드를 많이 먹었습니다.

이미 결혼해 아이도 있었지만 충동구매가 많아, 일해서 돈을 벌고 있었지만 신용카드 빚이 늘어났습니다. 빚을 갚기 위해 바쁘게 일해야만 해서 스트레스가 쌓이고, 이를 풀기 위해 쇼핑을 하고 정크 푸드를 먹는 악순환에 빠졌습니다.

그런 그가 어느 순간 물건을 줄이고 심플한 생활을 시작하자 점점 인생이 나아졌습니다. 그는 블로그에 심플 라이프의 장점, 물건을 버리는 방법, 가족, 어떻게 빚을 갚았는지, 어떻게 다이어트를 했는지, 금연, 달리기 등을 적었습니다.

이 무렵의 저는 아주 가난했기 때문에 자연스럽게 심플 라이프가 된 점도 있습니다. 레오 씨의 블로그를 읽으면서, **일테면 돈이 없고 물건이 적더라도 풍요롭게 사는 일은 충분히 가능**하다는 생각을 하게 되었습니다.

현재 레오 씨는 바싹 마른 비건(순수채식주의자). 빚은 모두 갚았습니다. 철인3종 경기를 하고 베스트셀러를 한 권 내고 100만 명 이상의 독자를 지닌 블로그 운영자로서 많은 미니멀리스트에게 큰 영향을 주고 있습니다.

　레오 씨는 완전한 채식주의자에 괌에 살 때는 맨발로 달리기를 하는 등 미니멀리스트 중에서도 강자로 여겨지고 있습니다. 아직도 물건이 많았던 제게는 사실 상당히 벽이 높았습니다.

　어느 날, 저는 조슈아 베이커(Joshua Baker)라는 다른 미니멀리스트 블로그를 발견했습니다. 레오 씨가 급진적인 미니멀리스트라면 조슈아 씨는 평범한 아버지 미니멀리스트라는 느낌이었습니다.

　당시의 조슈아 씨는 막 30대가 되었고 동갑인 아내와 7살 딸과 4살 아들이 있었습니다. 레오 씨도 아이가 많았는데 조슈아 씨가 더 「보통사람」처럼 보였습니다.

　제가 '물건보다 경험을 중요하게 여기는 미니멀리스트가 되자.'고 결정한 것은 이 조슈아 씨가 쓴 「눈에 보이지 않는 물건을 소중히 여기자.」라는 기사가 계기였습니다.

　정말 소중한 것은 눈에 보이는 「물건」이 아니라 눈에 보이지 않는 것. 예를 들어 사랑, 신뢰, 우정, 희망, 꿈이라는 마음을 갖추는 것. 아름다운 음악이나 좋은 냄새, 기분 좋은 바람, 즐거운 기억 등 인생을 풍요롭게 해주는 것.

그런데 우리들은 늘 「물건」만 추구하고 손에 넣으려고 합니다. 큰 집, 멋진 차, 유행하는 옷…. 그런 물건을 손에 넣는 것이 과연 인생의 목적이 될 수 있을까? 라는 내용의 기사였습니다.

이 기사에 공감한 저는 「**더 이상 물건을 많이 사들이는 일을 그만두자.**」고 진심으로 생각했습니다. 그리고 「사지 않는 도전」을 시작했습니다.

좋은 옷을 찾는 「333 프로젝트」

　　　　　조슈아 씨의 블로그를 통해 이
번에는 여성 미니멀리스트 코트니 카버(Courtney Carver)
씨를 알았습니다. 그녀는 당시 40대를 맞이하고 있었고 일
도 하고 있었는데, 남편과 딸과 사는 주부이기도 했습니다.

　2010년 가을이었습니다. 조슈아 씨가 코트니 씨의 **「333
패션 프로젝트」**를 자신도 실천하고 있다고 썼습니다.

　이 프로젝트는 **옷을 너무 많이 가지고 있는 사람이 그 수를
줄이기 위한 기획**입니다. 3개월 동안 33개 아이템만을 남깁
니다. 아이템은 옷, 액세서리, 가방, 구두 등. 다만 집에서 입

는 옷이나 속옷, 스포츠웨어는 포함하지 않았습니다.

시작하기 전에 자신의 33개 아이템을 선택하고 다른 것은 전부 상자에 넣습니다. 그리고 다음 3개월을 33개 아이템만으로 사는 겁니다. 조슈아 씨는 몇 벌의 옷만 걸려 있는 자신의 옷장 사진을 기사에 실었습니다.

바로 저도 도전해봤습니다. 다만 내 식대로 룰을 바꿔, 입지 않은 옷을 상자에 담는 게 아니라 제가 매일 입는 옷을 기록했습니다.

「333 프로젝트」와는 다른 것처럼 보이지만 이미 매일 같은 옷을 돌려 입고 있었기 때문에 **제가 필요한 옷이 33벌 이하일지 어떨지**를 확인하고 싶었습니다.

매일 그 날 입은 옷을 노트에 적고 다음에 또 입으면 체크마크를 더하는 겁니다. 3개월 동안 제가 입은 것은 28개 아이템이었습니다. **자신이 좋아서 입는 옷은 늘 같다**는 사실을 깨달았습니다.

옷의 가짓수를 줄이기 위해 나만의 옷 '유니폼'을 결정하라는 말을 들었지만 저는 이미 유니폼을 가지고 있었던 것입니다. 「333 프로젝트」가 끝난 후 전혀 입지 않았던 옷은 가뿐히 버렸습니다.

일본에 있을 때부터 저는 캐주얼한 복장을 좋아했는데 캐나다에 오고 나서는 더욱 캐주얼해졌습니다. 캐나다 사람들의 복장은 아주 캐주얼하기 때문에 저도 그 영향을 받은 겁니다.

◉ 중요한 것은 「자신다움」

캐나다 여성은 압도적으로 바지 스타일이 많고 노 메이크업도 있습니다. 메이크업을 하더라도 일본 여성처럼 풀 메이크업을 하는 게 아니라 포인트 메이크업을 하는 사람이 많습니다. 물론 잘 꾸미는 여성도 있지만 그런 사람은 한국이나 일본에서 온 유학생인 경우가 많습니다.

캐나다는 이민의 나라이므로 복장도 사람마다 다릅니다. 인도계 버스 운전사는 머리에 터번을 두르고 운전합니다. 히잡을 두르고 긴 스커트를 입은 이슬람 여성도 많습니다.

복장에 계절감도 거의 없습니다. 예를 들어 10월의 살짝 추운 날, 캐주얼 재킷에 부츠를 신은 사람이 있는가 하면 카프리 팬츠에 비치 샌들을 신은 사람도 있습니다. 제가 사는 지역은 하루의 일교차가 크고 여름에도 눈이 오기 때문에 일본처럼 계절에 따라 사람들이 일제히 옷을 갈아입는 경우는 극히 없습니다(요즘은 일본도 변했습니다만).

일본에서는 「나이」가 아주 중요해 나이에 맞는 옷차림이나 생활을 해야만 한다는 보이지 않는 압력이 있죠. 그러나 유럽이나 북미에서는 이력서에도 나이를 쓰지 않고, 어쨌든 겉으로는 성별이나 나이로 차별을 하지 않습니다.

그러므로 원래 다른 사람의 눈을 별로 신경 쓰지 않았던 저는 캐나다에 오고 더욱 신경을 쓰지 않게 되어 제가 좋아하는 티셔츠와 트랙팬츠, 각반 등을 골라 입고 있습니다.

좋아하는 옷을 입는 것은 보다 자신다움을 소중하게 여기는 일과 이어집니다. 저는 고등학생 때 옷을 갈아입는 날을 잊고 모두가 하복을 입었는데 혼자만 동복을 입어 부끄러움을 당했던 기억이 있습니다. 하지만 그것은 전혀 부끄러워할 일이 아니었습니다.

이 세상에는 다양한 사람이 있습니다.

모두가 자기다움을 소중히 여기고 자신이 좋아하는 것을 적극적으로 키워 나간다면 좀 더 세상은 좋아지리라고 생각합니다.

하나의 룰에 자신을 맞추려고 무리하면 힘들어질 뿐입니다.

> **미니멀**
> **리스트는**
> **물건을**
> **줄이는**
> **사람이 아니다.**

　　「미니멀리스트」가 화제가 됨에 따라 많은 미니멀리스트가 '얼마나 안 가지고 있는지'를 저마다 경쟁하는 것 같습니다. 텅 빈 실내에 달랑 하나 있는 테이블. 그런 모습이 방영되면 바로 화제가 됨과 동시에 많은 사람이 "이런 생활은 그다지 인간답지 않다."며 거부반응을 일으킵니다.

　　이 책에서는 물건을 버리는 방법을 소개했습니다. 하지만 미니멀리스트의 본질은 가능한 한 물건을 버려 **아무것도 없는 방에 사는 게 아니라**고 저는 생각합니다.

미니멀리스트의 공통점은 「Less is more」라는 정책과 자기다운 생활을 하려는 것이지 방 안을 텅텅 비어 놓는 게 아닙니다.

이제까지 우리는 대량 생산, 대량 소비 사회에 살며 물건이 많이 있으면 그만큼 행복하다고 생각했습니다. 이것은 「More is better」라는 사고방식입니다.

그러나 물건을 많이 사기 위해 장시간 노동하고 신용카드로 빚을 지고 집 안은 온통 물건으로 가득차서 청소와 정리에 쫓겨 스트레스가 쌓이면서 오히려 불행해지는 사람이 늘어난 것 같습니다.

물건은 우리의 생활을 편리하게 해주고 윤택하게 하는 고마운 존재. 하지만 사용하지도 않는 물건을 지나치게 가지고 있으면 그것이 고민의 씨앗이 됩니다. 우리는 물건이 많다고 해서 행복해지는 것은 아니라는 사실을 깨닫기 시작한 겁니다.

「Less is more」는 자신이 필요한 것만을 조금씩 지니고 살자는 생활방식입니다. 미니멀리스트는 「**최소한의 물건으로 최대한 살자.**」는 것입니다.

물건이 적으면 시간과 공간이 생기기 때문에 자신의 인생에서 중요한 것을 발견하기가 쉽습니다. 물건을 줄이면서 소중한 것에만 의식을 집중하면 절약도 할 수 있고, 스트레스도 줄어 보다 건강해지고, 시간도 많아져 하고 싶은 일에 집중할 수 있습니다. 즉, 보다 행복한 인생을 살 수 있는 것입니다.

◉ 최소한의 물건으로 최대한 살자!

물건이 적기 때문에 미니멀리스트가 아니라, 자신에게 소중한 물건을 고르고 필요 없는 물건을 버리기 때문에 물건이 적어지는 겁니다.

일본의 일부 언론 보도처럼 「물건의 적음」에 포커스를 너무 맞추면 본질이 흐려집니다.

미니멀리스트는 물건을 싫어하는 것도, 문명을 부정하는 것도 아닙니다. 물건이 넘치는 현대사회에서 물건을 모으기보다 자신의 중심을 소중히 여기자고 생각하기 때문에 소지품이 점점 줄어드는 겁니다. 그리고 그만큼 몸도 마음도 가벼워집니다.

불과 100년 전까지만 해도 물건은 그리 많지 않았습니다. 옛날 사람은 얼마 없는 돈을 사용해 정말 필요한 물건만을 사서 생활했습니다.

그런데 지금은 모든 소비재의 가격이 떨어져 일반인도 쉽게 많은 물건을 살 수 있습니다. 일본은 자원이 부족한 나라이기 때문에 기업은 물건을 만들어 수출하든가 국내 소비를 촉진하는 수밖에 없습니다. 그래서 정말 많은 용도의 상품이 날마다 생산됩니다.

그러나 인간이 사는 데 필요한 물건은 그리 많지 않습니다. 하나하나의 물건은 편리하고 멋지지만 아무리 멋진 것이라도 수가 너무 많으면 집이 필요 없는 물건이 가득한 창고가 되고 맙니다.

'물건이 잔뜩 있는 게 행복하다.'고 생각하는 시대는 이제 끝났습니다.

앞으로는 물건을 사서 정리하는 시간을 「경험」에 사용해 마음의 풍요로움을 추구하는 시대입니다.

> **물건을
> 지나치게
> 지니면
> 노후가
> 힘들어진다.**

　　캐나다에 오고 거의 5년에 한 번꼴로 친정에 가기 위해 귀국합니다. 귀국할 때마다 제가 친정에 남겨두었던 물건을 버리고 있는데 2013년 여름 귀국 때 드디어 모두 버렸습니다.

　　이때 어머니가 오랫동안 쌓아두었던 물건을 어머니와 공동 작업으로 버렸습니다. 당시 어머니는 81살. 어머니는 제가 친정을 나간 후 계속 혼자 살았습니다.

　　50년 가까이 같은 집에서 살았기 때문에 친정은 엄청난 물건으로 가득했습니다.

부모님의 모습을 보고 있으면 실감이 나지만 **나이를 먹으면 큰 집도 많은 물건도 필요 없고, 물건을 너무 많이 가지고 있으면 위험할 수도 있습니다.**

제 부모님 세대는 물건을 좀처럼 사지 않았던 시대의 사람이라 한 번 산 것은 아주 소중히 여깁니다.

모든 지혜와 연구를 다해 정말 많은 물건을 보관합니다. 하지만 이런 물건의 관리는 70살이 넘으면 어려워지죠. 점점 육체적으로 노쇠하기 때문에 정리하고 싶어도 정리할 수 없습니다.

건강한 사람도 물건이 많으면 관리에 시간이 걸리는 것은 앞에서도 얘기했습니다. 고령이 될 때까지 물건을 쌓아두면 더 이상 스스로는 어떻게 할 수 없게 될 수도 있습니다.

◉ 부모의 집을 치우면서 알게 된 것

최근에는 부모의 생전 정리를 자식들이 돕는 경우가 있습니다. 저도 그 생전 정리를 어머니와 해봤습니다.

이 경험을 정리한 「실록·부모의 집을 정리하다」라는 시리즈 기사는 제 블로그에서도 인기가 많습니다. 부모가 쌓아둔 것의 처치에 곤란해 하고 있는 사람은 예상보다 많습니다. 모두 물건을 너무 많이 가지고 있으면 앞으로 곤란해질 거라는 것을 어렴풋이 깨닫고 있습니다.

나이를 먹었을 때 물건이 잔뜩 쌓여 있으면 아이와 함께 버리거나 프로에게 맡겨 버리게 하는 수밖에 없습니다. 버리지 못하고 저 세상으로 가버리면 가까운 사람이 유품을 정리하게 됩니다. 우리는 언젠가 이 세상에서 사라지는데 일단 집에 들어온 것은 누군가가 버리지 않는 한 줄곧 그대로 놓여 있습니다.

그러므로 아직 노후까지 조금 시간이 있다면 바로 물건을 줄여 깔끔하게 하죠.

젊었을 때는 호기심이 왕성해 다양한 일을 하고 싶으니까 그 결과 물건이 늘어날 수도 있습니다. 그러나 **50살이 넘으면 노후는 이미 눈앞**에 있습니다. 제 자신이 50대가 되자 50살부터는 생활을 축소하는 게 낫다는 생각이 강해졌습니다. 저와 같은 세대의 사람은 거품경제의 혜택을 받은 사람들입니다. 그 정신 그대로 살아왔다면 필요하지 않은 물건을 잔뜩 가지고 있을 가능성이 높겠죠.

제 부모님이 비교적 제대로 연금을 받으며 유유자적하게 살아가는 것을 바로 옆에서 봤기 때문에 자기도 그럭저럭 노후를 보낼 수 있을 거라 생각할지도 모릅니다.

하지만 그런 일은 일어나지 않습니다. 앞으로 점점 더 고령화 사회가 되기 때문입니다.

> 초 고령사회는
> 「미니멀
> 리스트」로
> 살아남는다.

      UN은 총 인구 중 고령자 인구가 7퍼센트 이상인 사회를 「고령화 사회」라고 정의하고 있습니다. 고령은 65세 이상을 가리킵니다. 일본은 1970년대에 이미 고령화 사회에 도달했는데 고령화는 더욱 진행되어 2013년에는 고령자가 25퍼센트가 되었습니다.

    4명 중에 1명이 65세 이상이란 말입니다. 생각보다 적다고 생각할지도 모르지만 이는 정말 노인이 많은 인구 분포입니다. 지금으로부터 65년쯤 전인 1950년에는 약 5퍼센트였으니까요.

44년 후인 2060년 경에는 2.5명 중 1명이 65세 이상, 4명 중 1명이 75세 이상일 거란 예측도 나옵니다. 2.5명 중 1명이 65세 이상인 사회는 어떤 모습일까요?

3년 전 여름, 나고야로 돌아왔을 때 시영 버스를 이용했습니다. 갓난아이를 데리고 있는 젊은 주부와 서클이나 학원에 가는 것 같은 중학생과 고등학생도 보였지만 시영버스 승객의 대다수는 고령자였습니다.

50년 후에는 제가 시영버스에서 본 풍경을 주말 외출 때 아무렇지도 않게 볼 수 있을지도 모릅니다.

의학이 발달해 평균수명이 늘어남과 동시에 간병 문제도 심각해지겠죠. 저출산으로 인구는 점점 줄어듭니다. 인구가 줄어 고령자가 심각하게 많은 국가의 경제는 어떻게 될까요….

경제성장은 말도 안 되는 얘기가 되겠죠.

소비세는 오르고 연금 부담도 늘어날 겁니다(지금의 연금제도가 중간에 파탄나지 않는다는 가정이지만). 이 같은 상황이 되면 이미 국가의 연금을 방패로 삼을 수 없습니다. 노후의 생활비를 자력으로 벌어놓지 않으면 안 됩니다.

◉ 우리들을 행복하게 하는 「작은 생활」

적은 물건으로 마음을 풍요롭게 하는 것을 목표로 하는 미니멀리즘은 그런 시대에 큰 도움이 될 겁니다.

생활비를 버는 방법은 수입을 늘리든가 지출을 줄이든가 둘 중 하나입니다. 일반적으로 생각해 나이를 먹고 수입을 늘리는 것은 상상하기 힘들죠(투자를 해서 자산을 늘리는 사람은 예외겠지만).

그럼 지출을 줄이는, 즉 절약하는 수밖에 없습니다. **여기서 말하는 절약은 전단지를 보고 할인 상품을 체크하고 1엔이라도 싼 것을 사는 게 아닙니다.** 생활을 축소해 돈을 절약합니다. 요컨대 작은 생활을 한다는 말입니다.

작은 생활이란 내 몸에 맞는 삶.

필요 이상으로 큰 집에 사는 것을 중단하고 소지품도 정말 필요한 것만을 지니는 삶입니다.

필요하지 않는 물건을 버리고 신변을 정리하면서 자신의 마음도 정리해 자신이 인생에서 정말 하고 싶은 일을 하는 겁니다.

물건에 휘둘리는 생활은 이제 끝입니다.

적은 물건과 자금으로 마음이 풍요로운 생활을 추구하는 미니멀 라이프야말로 앞으로의 초고령사회를 이기는 열쇠가 될 겁니다.

아직 시간이 있을 거라고 생각하겠지만 흐르는 시간은 빠릅니다.

지금부터 준비해 대비하는 것은 결코 낭비가 아닙니다.

'미니멀리스트가 되는 게 아니라 작은 생활을 한다.'

이거라면 틀림없이 우리도 할 수 있을 겁니다.

버리는 것은, 자신의 미래를 만드는 것!

'버릴 수 없는 사람도 버릴 수 있게 된다.'

그런 생각을 전하고 싶어서 이 책을 썼습니다. 처음 버리는 사람이나 잘 버리지 못하는 사람도 즐겁게 버릴 수 있도록 다양한 아이디어를 넣었습니다.

이 책은 행동해야 비로소 가치가 생깁니다.

크게 활용하셨으면 좋겠습니다.

버리는 기술을 전해왔는데 가장 중요한 것은 버려서 자

신이 어떻게 되고 싶은지, 어떤 미래를 얻고 싶은지에 있습니다.

방 안에 있는 것은 우리가 이제까지 인생 속에서 해왔던 선택의 결과입니다.

작은 습관의 집적이 「오늘의 삶」이라는 현실을 만들었습니다. 물건을 버릴 때 과거 자신의 선택을 유감스럽게 생각하거나 후회하는 경우가 많겠죠.

그래도 자신의 실패를 인정하고 거기서 배우면서 나아가는 것이야말로 되고 싶은 자신에게 다가가는 것이라고 생각합니다. 사용하지 않는 물건을 벽장이나 옷장에 넣어두는 것은 이 배움의 기회를 놓치는 것이라고도 할 수 있습니다.

이제까지와는 다른 삶을 살고 싶다면 전과 똑같이 살아선 안 됩니다. 버리는 일은 귀찮고 때로는 고통을 수반합니다. 하지만 보다 나은 내일을 위해 용기를 가지고 계속 버리세요.

행동을 바꾸기 위해서는 생각을 바꿀 필요가 있겠죠.

필요 없는 물건을 버릴 것.

물건을 꺼내면 다시 넣을 것.

쇼핑을 피할 것.

자기에게 맞는 작은 생활을 할 것.

모두 생활습관인데, 저를 포함해 많은 사람은 자동적으로 행동합니다. 생각도 습관이 되어버립니다.

본문에서도 얘기했지만 지금의 생활을 바꾸기 위해서는 자신의 생각과 패턴을 한 번 무너뜨릴 필요가 있습니다. 저도 아직 그 도중에 있습니다.

물건과 대면하면서 과거의 자신을 버리고 함께 보다 희망적이고 새로운 자신이 됩시다.

이 책의 바탕이 된 것은 제가 쓰고 있는 「후데코 저널 (http://minimalist-fudeko.com/)」이라는 블로그입니다. 매일 열심히 읽어주시는 여러분의 지지가 이 책과 이어졌습니다. 진심으로 감사드립니다.

2016년 2월

제가 영향을 받은 「정리 책」

『「혼자 살기」 기술·고양이는 좋구나.』 요시모토 유미(쇼분샤)

『「수납」하기보다 「버리」세요.』 스크랩프레스21(분카샤)

『잡동사니를 버리면 자신이 보인다ー풍수정리술 입문』 카렌 킹스턴(쇼가쿠칸)

참고문헌

『인생이 빛나는 정리의 마법』 콘도 마리에(선마크출판)

**일주일 안에
80퍼센트 버리는 기술**

2018년 3월 25일 초판 발행
2019년 4월 20일 3쇄 발행

저자 후데코
역자 민경욱

발행인 정동훈
편집상무 여영아
편집부 국장 최유성
편집 김은실 김혜정
제작부 국장 김장호
제작 김종훈 정은교 박재림
국제부 국장 손지연
국제부 최재호 김미희 김형빈 천효은 박민희
마케팅 국장 최낙준
마케팅 김관동 이경진 심동수 고정아 고혜민 서행민
디자인 형태와내용사이

발행처 (주)학산문화사
등록 1995년 7월 1일
등록번호 제3-632호
주소 서울특별시 동작구 상도1동 777-1
편집부 02-828-8836
마케팅 02-828-8962~5

ISBN 979-11-256-9652-0 13590
값 11,800원